子実トウモロコシ
栽培マニュアル

監修　北海道子実コーン組合

北海道協同組合通信社・ニューカントリー編集部

■ 発刊のことば

北海道子実コーン組合
代表理事組合長

柳原　孝二

やなぎはら　こうじ
㈲柳原農場代表取締役。酪農学園大学を卒業し2001年に就農。長沼町で水稲、なたね、小麦、大豆、トウモロコシ、アスパラガス、牧草など約50haを作付ける他、和牛繁殖を手掛ける。北海道子実コーン組合代表理事組合長、22年から日本メイズ生産者協会（JMFA）代表理事。販売会社である㈱Maize代表取締役も務める。1979年生まれ。

　2009年に北海道立総合研究機構（道総研）中央農業試験場で栽培試験が行われて以来、15年が経過し、今や子実トウモロコシ生産は日本全国に広がっています。拡大の理由は、米の消費減少から水田を中心とした畑作物の作付けが推進される中、適正な輪作体系を構築する一助として、海外では当たり前となっていた子実トウモロコシの生産に、農業者が自ら乗り出したからにほかなりません。

　近年の温暖化による天候の偏りは顕著になってきており、干ばつや湿害などさまざまな状況に対応が必要ですが、透排水性が良く肥沃な土壌をつくるのは容易ではありません。また高齢化に伴う農業従事者の減少も加速しており、団塊の世代がリタイアするタイミングで次の世代に託される農地は、残った担い手の経営規模を大きく変え、負担となりかねない状況を招いています。

　大型機械導入によるコストの増加、そして踏圧による透排水性の悪化、化学肥料の多用による圃場の栄養バランスの偏り、労働力不足、連作障害による低収、難防除雑草の繁茂など、農業を取り巻く話題はネガティブなものばかりです。しかし、子実トウモロコシは日本の農業問題の打開策として大きな可能性を秘めていると言えるでしょう。

　日本で生産される子実トウモロコシは、海外からは調達しにくくなっている非遺伝子組み換えやポストハーベストフリーなどの優位性に加え、「国産の安全・安心な食料」という代え難い付加価値を有しており、多くの消費者に喜ばれ、さまざまな形で食卓に並ぶようになるでしょう。また家畜から出る堆肥を畑に還元し、作物の養分として活用することで、環境に配慮した持続可能な農業生産につながっていきます。農林水産省も子実トウモロコシの重要性は認知しており、定期的に発行される「飼料をめぐる情勢」では課題として幾度となく指摘され、畜産経営の安定化に向けた取り組みでも、国産濃厚飼料の生産は重要視されていますが、まだまだ生産支援が整っていない状況です。農業の本来の目的である「必要な食料を消費者に届ける」という基本的考えに立ち返り、抜本的な改革が必要な時期に来ています。

　このマニュアルでは、子実トウモロコシの基礎知識から栽培方法、生産者の取り組みの紹介や最新の農業機械情報など、作付けに必要な内容を余すことなく詰め込みました。ぜひ最後まで読んでいただき、日本の農業がより良い方向に向かっていけるよう、栽培拡大に向けた協力をお願い致します。

■ 目　次

発刊のことば		柳原　孝二	… 4
監修・執筆者一覧			… 6

第1章　栽培マニュアル

01	子実トウモロコシとは	小森　鏡紀夫	… 8
02	栽培に必要なもの	小森　鏡紀夫	… 10
03	土壌改善効果	藤井　はるか	… 29
04	コーンヘッダ	柳原　孝二	… 34
05	高速乾燥機	柳原　孝二	… 37
06	国産乾燥機	柳原　孝二	… 40
07	調整方法	柳原　孝二	… 42
08	品質評価	新発田　修治	… 44
09	カビ毒の基準と検査	新発田　修治	… 50

第2章　経営事例

01	生産者の取り組み事例・大規模畑作輪作	㈱YY.FARM（むかわ町）	… 58
02	生産者の取り組み事例・水田地帯	高橋農場（新篠津村）	… 60
03	生産者の取り組み事例・野菜輪作	市川農場（当別町）	… 62
04	経済的特徴	日向　貴久	… 64

コラム　トウモロコシの流通事情　　舘野　浩一　… 70

第3章　各種機械

01	耕起作業機、播種機、収穫機	ヤンマーアグリジャパン㈱	… 76
02	播種機、収穫機	㈱クボタ	… 78
03	播種機、収穫機	エム・エス・ケー農業機械㈱	… 80
04	播種機、コーンヘッダ	井関農機㈱	… 82
05	乾燥機	㈱山本製作所	… 84
06	乾燥機	金子農機㈱	… 86
07	検査機器	㈱プラクティカル	… 88

第4章　支援組織

01	北海道子実コーン組合	柳原　孝二	… 92
02	今後の展望	柳原　孝二	… 94
03	JMFAリーフレット		… 96

■ 監修

北海道子実コーン組合

■ 執筆者一覧 (掲載順)

小森　鏡紀夫	サナテックシード㈱取締役COO／北海道子実コーン組合技術顧問
藤井　はるか	道総研中央農業試験場農業環境部環境保全グループ研究主任
柳原　孝二	㈲柳原農場代表取締役／㈱Maize代表取締役／北海道子実コーン組合代表理事組合長
新発田　修治	北海道子実コーン組合事務局長
山下　裕太	㈱YY.FARM代表取締役
高橋　一志	高橋農場代表
市川　智大	市川農場代表
日向　貴久	酪農学園大学農食環境学群教授
舘野　浩一	ホクレンくみあい飼料㈱業務部長
小倉　陽二郎	ヤンマーアグリジャパン㈱農機推進部輸入商品推進グループ
渡瀬　修梧	ヤンマーアグリジャパン㈱農機推進部営業推進グループ
山根　健史	㈱クボタ担い手戦略推進室営農技術課
樺澤　将	エム・エス・ケー農業機械㈱営業推進部
勝又　凌	井関農機㈱アグリインプル事業部
五十嵐　奈揮	㈱ヰセキ北海道販売推進部
後藤　裕一	井関農機㈱営業推進部
村田　健洋	㈱山本製作所農機事業部技術部農機グループ
利根川　泰夫	金子農機㈱営業本部長
吉田　英治	㈱プラクティカル代表取締役

第1章 栽培マニュアル

01 子実トウモロコシとは
02 栽培に必要なもの
03 土壌改善効果
04 コーンヘッダ
05 高速乾燥機
06 国産乾燥機
07 調整方法
08 品質評価
09 カビ毒の基準と検査

第1章 栽培 01 子実トウモロコシとは

呼称について

「子実トウモロコシ」は日本独自の呼称であり、酪農家で利用されるサイレージ用トウモロコシ（サイレージとして調製する）と区別するために用いられる。現場では子実コーンなどの呼称が使われているが、本書では「子実トウモロコシ」と記載する。

トウモロコシの種類

子実トウモロコシは、デント種もしくはフリント種またはそれらの交雑種の子実部分を丸粒のまま乾燥させたものである。乾燥子実向けにはデント種の利用が圧倒的に多い。でん粉が多く、高収量で単位面積から得られるカロリーが高いからだ。デント種とフリント種の交配も行われており、早生化の改良にはフリント種が導入されてきた。

子実トウモロコシは飼料やコーンスターチ、液糖などの原料になり、世界で最も生産される作物である。

サイレージ用トウモロコシとの違い

道内では、サイレージ用トウモロコシが約6万ha栽培されている。子実トウモロコシとは共通する部分もあるが、区別すべき点も多い。以下、子実トウモロコシを「子実用」、サイレージ用トウモロコシを「サイレージ用」とし、両者の違いを述べる。

■早晩性

子実用は子実が完熟期に到達する序列で熟期を決める。サイレージ用は総体の水分が70％まで低下する序列で熟期を決める。

■収穫ステージ

子実用は完熟期を過ぎた水分25％以下の収穫が望ましい。サイレージ用は黄熟期（総体の水分が65～70％程度）が望ましい。

■収量性

子実用は乾燥子実の収量で区別される。サイレージ用は地上部全体の現物収量か乾物収量、もしくはTDN収量で区別される。

■カビの発生程度

子実用は雌穂表面に発生するカビの量でカビへの耐性を評価する。一方、サイレージ用は収穫段階でカビの発生が少ないことから、評価されていない場合が大半である。

■栽植密度

子実用はサイレージ用よりも10％ほど密度を高くすると良い。同じ場所で両者を栽培する場合、草丈や草型を比較すると早生品種の子実用はコンパクトに仕上がる。

■肥培管理

子実用はサイレージ用よりもおおむね2週間長く栽培する必要があるため、サイレージ用と比較して10～20％多く肥料を施用することが望ましい。

■収穫機械

子実用はコンバインを、サイレージ用はフォレージハーベスタを使用する。

■乾燥、調製、保管

子実用は収穫後に穀物乾燥機で乾燥し、フレコン、ハードコンテナもしくは穀物サイロに保管する。サイレージ用はハーベスタで細断後、バンカーサイロなどに密閉貯蔵し、サイレージ化して保管する。

■給与対象畜種

子実用は全ての畜種に加え、食用としても

使用が可能である。一方、サイレージ用は乳用牛、肉用牛が対象となる。

子実トウモロコシとハイモイスチャーコーンの区別

近年、飼料用トウモロコシには自給濃厚飼料の一つとして、雌穂もしくは子実を乾燥させずにサイレージ調製して保管する技術も導入されている。乾燥子実に対して水分が高い状態で保管するため、総じハイモイスチャーコーンと呼ぶ。トウモロコシの利用する部位によってハイモイスチャーイヤーコーン（HMEC）、ハイモイスチャーシェルドコーン（HMSC）、コーンコブミックス（CCM）などに分類される。

HMECの「イヤー」は雌穂を意味しており、苞皮、穂軸、子実の雌穂全体をサイレージ化したものを指す。フォレージハーベスタで収穫するため、粉砕作業は必要ない。収穫段階で茎葉の上部が若干原料に入る可能性があり、主に繊維が必要な牛に給与される。

HMSCの「シェル」は脱穀を意味し、コンバインで雌穂から子実を脱穀し、それらをサイレージ化したものをいう。牛と豚への給与が一般的である。コンバインからは丸粒のまま排出されるため、多くの場合で貯蔵前に粉砕が必要となる。

CCMの「コーンコブ」は穂軸のことで、トウモロコシの芯が子実に混ざった状態のことをいう。一般的には牛と豚に給与される。コンバインを調整してコーンコブの含有量を高めたもので、粉砕が必要である。

これら3種類のハイモイスチャーコーンはいずれもサイレージ化が必要で、畜種も限定される点が子実トウモロコシと大きく異なる。

道内における栽培の拡大

北海道における子実トウモロコシの栽培は2011年に北海道立総合研究機構での実証を経て、北海道子実コーン組合が13年から商業栽培を開始した。当初、収量は500〜700kg/10aだったが、圃場づくり、品種選定、肥培管理を見直した結果、19年の平均収量は926kg/10aまで向上した。これは世界的な統計を見ても既に高い水準であるが（図）、今後の圃場整備の進歩や機械体系の整備、肥培管理技術の向上、品種開発によって、収量1,000kg/10aが安定的に確保できると考えている。

政策的には従前の水田活用の直接支払い交付金のうち、戦略作物助成として受給できる3万5,000円/10a（飼料用のみ）の他に、子実トウモロコシは1万円/10aの交付金が受けられる。地域の新たな転作作物として産地交付金を受給する地域では、栽培面積が数百haを超え始めている。

図　国別の子実トウモロコシ収量（t/ha）

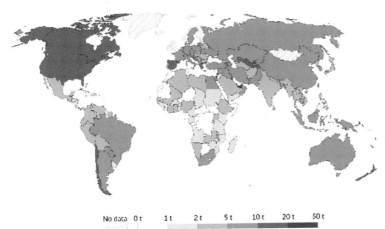

北海道の収量の高さと同時に、幅広いエリアで5t/ha以上の収量が得られていることが分かる

第1章 栽培
02 栽培に必要なもの

資材

■種子

北海道子実コーン組合ではホクレン推奨の品種を使用する（極早生：P7631、早生：P8025、晩生：P9027）。播種密度と品種の選定については後述する。

■肥料

基肥用にはトウモロコシ用BB肥料を80kg/10a前後（設計方法は後述）、追肥用には尿素を10kg/10a程度用意する。

■除草剤

表1を参考に、対象の雑草に応じて使用する。組合内で多く使用されているものは、網掛けで表記した。

■殺虫剤

現在、種子や幼苗の食害対策として使用できる種子粉衣剤は「クルーザーFS30」のみで、牧草後や小麦の連作圃場で発生するコメツキムシ（ハリガネムシ）に有効である。

雄穂抽出期以降に発生するアワノメイガへの薬剤適用が2023年から飼料用の子実トウモロコシ向けに拡大された。ただ、アワノメイガは道南地域で散発的に確認されている程度なので必須ではない。

機械

■プラウ・サブソイラ

心土破砕が可能なプラウかサブソイラ、スタブルカルチなどでも可。30cm程度深耕できるものが望ましい。

■ディスクハローなど

大きな土塊を砕土できる機械を用意する。

■パワーハローなど

整地を目的とする。必ずしもパワーハローでなくても構わない。能力の高い播種機を使用する場合は、1～2cmの土塊が残る整地でも問題ない。

■播種機

必ず1粒点播が可能な播種機を用意する。トウモロコシの種子はさまざまな形があるため、目皿式播種機を使用する場合は、種子サイズに合った播種板を準備する。

■スプレーヤ

畑作や水稲作で一般的に使用しているスプレーヤの転用が可能である。

■ブロードキャスタ

肥料散布などで使用している一般的なブロードキャスタの転用が可能である。

■コンバイン

汎用コンバインの使用が可能である。ただし、コーンヘッダを使用することが望ましい。リールヘッダでの収穫は不可能ではないが、ヘッドロスが一定割合発生する。コーンヘッダを使用すれば、脱穀時に茎葉が機体内部へ入らないため、コンバイン本機への負担が圧倒的に低い。

国産コンバインにはコーンキットをオプションで取り付け、脱穀・選別性能を高めることが望ましい。一方、海外製コンバインは最初から子実トウモロコシの設定があるので、特別なオプションは必要ない。

圃場の準備

深根性の子実トウモロコシを健全に栽培する上で、サブソイラやプラウによる心土破砕で根域を確保することは、非常に重要である。圃場の排水性が悪いと十分に根が発達し

ないので、収量低下を避けるためにも、排水性は良好にする（**写真1**）。特に水田転作圃場の場合は、水路からの水の侵入を止める、額縁明きょを掘る、暗きょを設置するなどの対策が望ましい（**写真2**）。根量の多さが収量に直結するため、土壌硬度が上がらないよう、深い作土層を確保することを心掛けてほしい（**写真3、4**）。

子実トウモロコシの種子は90％以上の発芽率があり、他の作物に比べれば発芽能力は高い。ただし、排水不良による滞水や、砕土不良の乾燥による極端な水分ストレス下では発

表1 子実トウモロコシの栽培で使用できる除草剤

除草剤名	処理方法		用途		使用時期	10a当たり使用量	対象雑草		効果および注意事項
	土壌処理	茎葉処理	飼料用	食用			一年生広葉雑草	一年生イネ科雑草	
エコトップP乳剤	✓		✓		播種後〜出芽前（雑草発生前）	400〜600mℓ	✓	✓	・砂土系で透水性の良い圃場や、多量の降雨が続く時期の散布は、薬害の恐れがあるので使用を避ける ・本剤は目に強い刺激性があるので、散布液調製時に保護メガネを着用し、薬剤が目に入らないよう注意する
モーティブ乳剤	✓		✓	✓	播種後〜作物の2葉期（イネ科雑草2葉期まで）	200〜400mℓ	✓	✓	・砂土では使用しない ・後作物としてウリ科やほうれんそう、そばを作付けすると生育を抑制することがあるので避ける
ラクサー乳剤	✓		✓		播種後〜出芽前（雑草発生前）	400〜600mℓ	✓	✓	・砂土では使用しない
フィールドスターP乳剤	✓		✓		播種後〜作物の2葉期（イネ科雑草2葉期まで）	75〜120mℓ		✓	・砂土では使用しない
ラッソー乳剤	✓		✓		播種後〜出芽前（雑草発生前）	200〜400mℓ		✓	・土壌が乾いていると効果が劣る
		✓	✓		作物の1〜2葉期（イネ科雑草2葉期まで）				・粘土質の土壌では、所定の範囲内で多めの薬量を使用する
デュアールゴールド	✓		✓		播種後〜出芽前（雑草発生前）	70〜100mℓ		✓	・砂土では使用しない ・砂土系で透水性の良い圃場や、多量の降雨が続く時期の散布は、薬害の恐れがあるので使用を避ける ・後作に水稲を作付けすると薬害を生じる恐れがあるので、使用圃場における当年または翌年の水稲栽培は避ける
		✓	✓		作物の1〜2葉期（イネ科雑草2葉期まで）				
ゲザプリムフロアブル	✓		✓		播種後〜出芽前（雑草発生前）	100〜200mℓ	✓		・砂土系で透水性の良い圃場や、多量の降雨が続く時期の散布は、薬害の恐れがあるので使用を避ける ・雑草の発生前から発生ぞろい期に散布すると、最も効果が高い ・使用回数は全面土壌処理または雑草茎葉散布のいずれか1回とする ・トウモロコシ2〜4葉期の茎葉処理において、ハルガヤの実生に効果がある
		✓	✓		作物の2〜4葉期（雑草発生ぞろい期）				
ゲザノンゴールド	✓		✓		播種後〜出芽前（雑草発生前）	140〜260mℓ			・砂土では使用しない ・極端な過湿土壌および砂質土壌では、生育を抑制することがあるので、薬量を少なくする ・使用回数は全面土壌散布または雑草茎葉散布のいずれか1回とする ・茎葉散布は、生育が遅れる地域などでは2葉期に行う ・後作に水稲を作付けすると薬害を生じる恐れがあるので、使用圃場における当年または翌年の水稲栽培は避ける
		✓	✓		作物の2〜4葉期				
アルファード乳剤		✓	✓	✓	作物の3〜7葉期（収穫の45日前まで）	100〜150mℓ	✓	✓	・散布時の展開葉に、黄斑を生じることがあるが、その後の生育に大きな影響はない
ワンホープ乳剤		✓	✓		作物の3〜5葉期（収穫の30日前まで）	100〜150mℓ	✓	✓（+多年生イネ科）	・散布数日後一時的に退色および生育抑制が生じることがある ・品種によって薬害が生じる恐れがあるので注意する ・本剤は微量の成分で作物に影響を与えることがあるので、散布機械器具は洗剤などによる十分な洗浄を行う ・有機リン系殺虫剤との混用および7日以内の近接散布は薬害が生じることがあるので避ける ・シバムギ、レッドトップに効果がある
ワンホープエースOD		✓	✓		作物の3〜5葉期（収穫の45日前まで）	100〜200mℓ	✓	✓（+多年生イネ科）	・天候により黄化、黄斑が見られる場合がある ・品種によって薬害が生じる恐れがあるので注意する ・本剤は微量の成分で作物に影響を与えることがあるので、散布機械器具は洗剤などによる十分な洗浄を行う ・有機リン系殺虫剤との混用および7日以内の近接散布は薬害が生じることがあるので避ける ・シバムギ、リードカナリーグラスに効果がある
ブルーシアフロアブル		✓	✓		作物の3〜5葉期（収穫の45日前まで）	40〜50mℓ	✓		・散布時の展開葉に、薬害（黄斑）を生じることがあるが、その後の生育に影響はない
		✓	✓		作物の6〜7葉期（収穫の45日前まで）	50〜75mℓ			
バサグラン液剤		✓	✓	✓	作物の生育期（ただし収穫50日前まで）	100〜150mℓ	✓		・イネ科雑草には効果がないので、イネ科雑草が混在する場合はこれらに有効な除草剤との体系で使用する ・一年生広葉雑草に有効であるが、作物ごとに使用薬量などが異なるので、時期を失せず、雑草茎葉にかかるよう均一に散布すること
ラウンドアップマックスロード		✓	✓	✓	トウモロコシ出芽前まで（雑草生育期）	200〜500mℓ	✓	✓	・トウモロコシ出芽後の使用は枯死するので避ける ・専用ノズルを使用する ・泥炭土での使用は避ける

写真1　用水路から水が浸入して生育不良になった様子

写真3　土壌硬度による根張りの違い。硬度は左が低く、右が高い

写真2　額縁明きょや暗きょにより良好な生育となった例（明きょに隣接する畝は除く）

写真4　開花期における雌穂比較。上が根張りの良好な区、下が不良区

芽トラブルが発生する（**写真5**）。特に水田転作圃場は土壌水分のコントロールが難しいので注意したい。

　整地を行う際、過剰な砕土はクラスト化や表土の流亡を招いてしまう。土壌間隙を減らすイメージを持ち、多少の土塊（直径1cm前後）は播種深度さえ確保できれば生育上の問題にはならない。省力栽培をする方が経済性は高くなる。つまりパワーハローを何度もかけたり、ロータリで細かく砕土するよりも、ローラーで土塊を潰し、土壌間隙を埋める方が適している場合がある。特に土壌水分が低い圃場に有効だ。

播種深度

　子実トウモロコシの播種適期は地温が10℃になるころである。早過ぎると低温による発

写真5　砕土不良と乾燥による発芽不良

芽、生育不良が起こる可能性がある。遅過ぎても、圃場の過乾燥で発芽不良が起きる。急激な徒長で軟弱となり、倒伏に弱くなるなどのリスクもあるので、適期が来たら速やかに播種を完了させることが重要である。

子実トウモロコシは小麦のように分げつしない。種子1粒に対して茎は1本だけ生え、1本の茎に1個の雌穂しか付けない（受光態勢が極めて良い圃場の外周や、極端な低密度の場合は除く）。仮に欠株が発生しても、周辺の個体による補完効果はあるが、欠株分の収量減を補うことはない。つまり良好な発芽、出芽を確保するには播種深度が非常に重要となる。播種深度は4〜5cmが適切で、土壌条件や気象条件、播種時期によっても調整する必要がある。特に水田転作圃場は一般の畑地に比べると土壌物理性が低いので（土壌硬度が高く、土塊が多い）、より丁寧に播種深度を確認することが重要となる。現地の状況を見ると、小麦や大豆など他作物の影響なのか、浅まきによる失敗が散見される（**写真6**）。どのような圃場条件下でも、浅過ぎる播種深度（3cm未満）は根の発育が不十分になり、倒伏を誘発してしまう。次に挙げる状況別のポイントを踏まえて播種深度を決定してほしい。
①土壌水分が低く、地温が高い場合
　5cm程度が理想である。播種時期が遅いほど、深めの播種深度が推奨される（土壌が乾燥傾向になるため）。
②土壌水分が高く、地温が低い場合
　播種深度を浅め（4cm程度）とし、特に粘土地ではタイヤによる土壌硬化に注意する。
③水田転作圃場
　砕土が不十分になる傾向にあるため、深め（5cm程度）の播種深度が推奨される。
④土壌水分が低い圃場
　水分のある深さまで播種深度を下げる。特に極端な砕土不良圃場（直径2cm以上の土塊があるような）では、播種深度が浅いと水分不足で発芽できない。

■播種機の設定
　播種機の播種深度を調整する際は、以下の点に注意が必要である。
①軽量タイプの播種機の場合
　軽量タイプの播種機はスピードが上がることでバウンドしやすく、播種深度が浅くなることが多い。
②土塊が多い場合
　土との接触が悪くなると、発芽にばらつきが生じる。種子と土の接触状態が十分かどうかもチェックする。場合によっては大きな土塊の分は播種深度と見なさず、砕土されている土の深さだけで播種深度を判断してもよい。

■播種の失敗事例
　実際に現地で確認された事例を基に、原因と対策を検討したい。
①砕土不良にもかかわらず、播種深度が浅くなってしまったケース
　種子は播種後すぐに土壌中から給水を開始する。種子の水分が30〜35％になると発芽のプロセスが始まるが、十分な水分供給がない場合は停止し、発芽遅れが生じる。**写真7**の上部は比較的砕土良好で、種子への水分供給がされた区画、下部は砕土不良で水分供給が上手くいかなかった区画である。**写真8**では、同様の区画から採取した幼苗を比較した。発芽プロセスの開始と停止が繰り返されると、種子がガス欠状態となる。発芽が遅れるだけでなく、最悪枯死することもあり得

写真6　乾燥条件下での同一圃場における播種深度別の生育差。右側に寄るほど播種深度が浅く、発芽や初期生育が悪い

写真7　砕土の違いが発芽に影響を及ぼした例

写真9　畝における深度設定が異なる例。左は適切（4.5cm）で右が浅い（2cm）

写真8　水分供給不良による発芽遅れの例

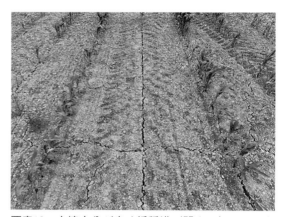

写真10　土壌水分が高く播種溝が閉まり切っていない例

る。砕土をもう少し丁寧に行って土壌間隙を埋めるか、播種深度を深くしてもらいたい。

②乾燥した状態にもかかわらず、特定の畝の播種深度が浅かったケース

　播種深度が畝によって大きく異なる設定ミスも散見される。播種深度が十分に確保されていないために、発芽不良もしくは初期生育の停滞が起こる。改善策は実際に掘って各畝の播種深度を確認することである。特にトラクタのタイヤ跡と重なる畝は、播種深度が浅くなりやすい。それらの畝だけ、他の畝よりも播種機の深度設定を深くする工夫も必要である（**写真9**）。

③土壌水分が高い状態で播種してしまったケース

　特に水田転作圃場は土壌の粘度が高い傾向にある。土壌水分の高い状態で無理に播種した場合、プランタで切った播種溝が十分に閉まらないことがある（**写真10**）。根張りが極端に悪くなるので、正常な生育は望めない。仮に成長しても極端に倒伏に弱い個体となる。土壌水分が高い場合は作業を中止し、まずは土壌硬度を下げるような耕起、整地を行ってほしい。

④極端な砕土、整地によりクラスト化を招いたケース

　粘土質土壌で極端な砕土を行った場合、クラストが発生することがある（**写真11**）。子実トウモロコシは大豆よりデリケートではないものの、程度によっては出芽できないことがある。アッパーロータリなどでの極端な砕土は避ける。

写真11　クラスト化の例

株立ち本数の決定

　北海道子実コーン組合が推奨している3品種の株立ち本数は、極早生品種（P7631）と早生品種（P8025）が9,000～10,000本/10a、晩生品種（P9027）は8,000～9,000本/10aが望ましい。これらは過去3年間実施した試験データに基づいて決められた。データの品種はP9027である。

　栽植密度が雌穂、子実形質に与える影響を表2に示した。密度の増加に伴って先端不稔が増大し、雌穂1本当たりの粒が減っている。また、株立ち本数は粒列数（雌穂の横断面の列数）や穂軸全長には影響を及ぼさなかった。

　表3は株立ち本数が収量に与える影響である。密度が増加するのに伴い、雌穂1本当たりの子実重、子実1粒当たりの重量は低下した。また、密度に比例して10a当たりの収量は増加した。ただし、10,256本の超高密度区は3カ年の試験期間で、調査に支障が出るほどの倒伏が発生したため、実際の栽培は推奨できない。激しく倒伏した個体はリールヘッダでの収穫がほぼ不可能で、コーンヘッダであっても子実の品質に悪影響を及ぼす可能性が高くなる。

　前述の通り、推奨株立ち本数は品種によって異なる。一般的に早生品種では茎葉部分が小さく、干渉が少ない。早生＝低収ではなく、より多く株立ち本数を確保できれば、1株当たりの子実重は低くとも、高収量を得ることができる。ただし、十分な耐倒伏性と稔実性が確認されている品種を使用することが重要である。

　また、株立ち本数を上げると収量が低下する品種もあるため、注意が必要だ（図1）。このような品種は稔実性が低い（写真12）。

表2　株立ち本数が雌穂、子実形質に与える影響

	7,018本	7,843本	8,889本	10,256本
穂軸全長（cm）	19.3	19.2	17.8	18
先端不稔（cm）	0.3	0.7	1.8	2.35
粒列数（粒）	14.3	13.9	14.1	14.5
粒数（粒/穂）	498	487	477	449

表3　株立ち本数が収量に与える影響（重量は全て水分14％に補整）

	7,018本	7,843本	8,889本	10,256本
子実重/穂（g/本）	187	178	163	151
子実重/粒（g/粒）	0.376	0.365	0.342	0.337
子実収量（kg/10a）	1,312	1,394	1,450	1,553

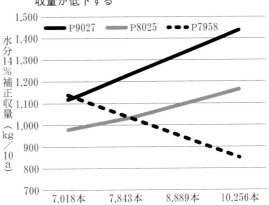

図1　株立ち本数と収量の関係。不適品種の場合、収量が低下する

写真12　稔実性の高い品種（上段）と低い品種（下段）

■株立ち本数の考え方
・株立ち本数が増えるほど収量は増加するが、一定のピークに達すると逆に減少する。
・収量の低下は主として倒伏、不稔個体の発生や病害の増加によって起こる。
・収量のピーク前後を最適な株立ち本数とする。ピークの本数は一般に早生品種で多く、晩生品種ほど少なくなる。
・適正な株立ち本数は、地域の気象特性、品種の熟期、畑の生産性（肥沃度）、肥料の投入量、地理的な倒伏リスクの大小などで異なる。
・株立ち本数が少ない（疎植）ほど、雌穂は大きく、そろって見えるが、実際の収量は雌穂の大きさよりも株立ち本数に影響される。
・一般的な圃場でのトウモロコシ種子の発芽率は90～95％程度である。少なくとも5～10％の欠株をあらかじめ想定して播種密度を設定する。

株間の調整

子実トウモロコシの収量を確保するためには、株立ち本数の他に、株間の均一さも重要となる。株間が空いた部分の雌穂は大きくなるが、欠株分を完全に補うまでには至らないため、同程度の株立ち本数の場合は株間が均一な方が収量性は高くなる（**写真13**）。株間が狭い部分、あるいは重複した場所の個体は減収する（**表4**）。ただし、株数が増えれば圃場全体の収量は大きく変わらない。

表4　欠株や株の重複による1個体当たりの子実重量の変化

株の位置	子実収量（kg）
欠株で株間が空いた部分の個体	0.2
欠株から2本目の個体	0.18
正常な株間の個体	0.18
株が重複した個体の隣の個体	0.16
株が重複した個体	0.15

写真14　株間の違いによる個体（上は不ぞろいな株間、下が理想的な株間）

写真14上で株間が狭く密植状態となった右側は、左側の適正な株間の部分や下の写真と比べ、明らかに茎が細く、雌穂に先端不稔が見られる。同様に、密植部分では個体同士の競合により病害が発生しやすくなる。

肥培管理

■養分の要求量
子実トウモロコシは国内で栽培が始まってから日が浅く、サイレージ用トウモロコシの

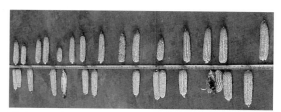

写真13　株間のばらつきが雌穂に与える影響（上：ばらつき大、下：ばらつき小）

表5 トウモロコシが必要な11要素と目標収量1,000kg/10aとした場合の要求量（Ag PhD Fertilizer removal by cropの数値を10a当たりに改変）

（単位kg/10a）

栄養素	子実	茎葉	総体
窒素（N）	12	8	20
リン酸（P$_2$O$_5$）	6.3	2.9	9.2
カリウム（K$_2$O）	4.5	20	24.5
硫黄（S）	1.4	1.3	2.7
マグネシウム（Mg）	0.6	3.66	4.26
カルシウム（Ca）	0.24	2.32	2.56
銅（Cu）	0.008	0.004	0.012
マンガン（Mn）	0.013	0.134	0.147
亜鉛（Zn）	0.019	0.027	0.046
ホウ素（B）	0.045	0.004	0.049
鉄（Fe）	0.027	0.045	0.072

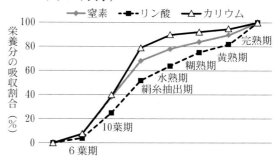

図2 主要な生育ステージでトウモロコシが土壌から吸収する養分の割合（アイオワ州立大学とイリノイ大学）

ように施肥基準が明示されていない。子実トウモロコシはサイレージ用よりも生育期間が長く、収穫する子実重量が多いことから、養分の要求量も多くなる。ここでは、肥培管理の解説に子実トウモロコシの生育パターンを説明する。併せてアメリカの研究データや北海道での状況も補足として加える。

子実トウモロコシの生育には16の元素が必須とされ、このうち13種類が土壌から供給される。残りの３元素（炭素・水素・酸素）は大気と土壌中の水分から供給される。13種類の養分のうち、定量が可能な11種類（モリブデンと塩素は定量不可で除外）の養分吸収量をまとめた（表5）。子実トウモロコシの目標収量は1,000kg/10aである。

■生育ステージによる養分吸収
・養分吸収は６葉期以降で急激に上昇、絹糸抽出以降は緩やかに
・雌穂への養分供給は絹糸抽出前に作物体に蓄えた養分の転流によって補われるため、前半の生育不良は減収に直結する

アイオワ州立大学（Ritchie et al. 1997）とイリノイ大学（Bender et al. 2013）は、生育期間中のトウモロコシが土壌から吸収する窒素、リン酸、カリウムの量を生育ステージ別に示した資料を公表している。この資料に基づき、主要な生育ステージで推定される子実トウモロコシの養分吸収パターンを示した（図２）。

最大の子実収量を得るには、子実トウモロコシの要求量を満たす栄養分が継続的に供給されることが必要である。発芽から３葉期前後の幼苗は、種子の貯蔵養分に基づいて成長する。幼苗の根の成長が進むと、根から養分吸収を始める。この時期の養分要求量は個体が小さいため、まだ多くはない。子実トウモロコシの形態は６葉期から12葉期にかけて劇的に変わり、同時に養分要求量も大きく増加する。幼穂形成は多くの品種で７葉期以降に開始する（写真15）。

６～12葉期の毎日の養分供給が、雌穂の初期発生や発達を支えている。さまざまな器官が大きくなり、草丈が大きく伸びる期間である。養分供給は雌穂のみならず、茎葉組織が健全に成長するために必要である。新しく展開した葉は子実に糖分を供給するために、光合成の工場となり、登熟期に子実へ十分な糖を供給することで、糖分からでん粉への代謝を最大化する。

雌穂は10～12葉期ごろにその初期形成を終え、登熟を経て、最後に子実として収穫される胚珠が形成される（写真16）。この頃に個体当たりの子実数という意味での、最大収量ベースが出来上がる。12葉期から絹糸抽出期にかけて、養分供給の大部分は雌穂で消費さ

れる。全ての胚珠が等しく成長するには、穂軸の十分な成長も必要だ。

雌穂は成長を続け、受粉の準備が進められる。土壌から吸収した養分は茎葉部の成長とその完成に使われるとともに、一部は茎葉組織内で蓄積される。蓄積された養分は、乳熟期から完熟期にかけて子実の登熟に必要な養分供給を補う働きをする。

土壌からの養分吸収は絹糸抽出期（**写真17**）から水熟期の間で劇的に低下する。この時期の養分は、受精を完了した胚の成長を支えている。仮に養分供給量が制限されると、雌穂の基部側で受精した胚は養分の吸収を続けられるが、雌穂の先端側で受精した胚は養分の飢餓状態に陥る（養分供給は先端部より基部が優先される）。養分、糖分、水分の供給が雌穂全体の要求量に満たない場合、いわゆる先端不稔となる。

土壌からの養分吸収は乳熟期から完熟期の間も続くが、その量は6葉期から絹糸抽出期の頃と比べるとかなり少なくなる。乳熟期から完熟期の子実に必要な養分要求量の高さを考えると矛盾するように思えるが、この期間は根の成長がほとんどなく、土壌からの養分吸収量が相対的に低下するからである。茎や古い葉に貯蔵されていた養分を雌穂へ転流することで、足りない養分を埋め合わせている。生育前半の栄養成長が良好であることが、高い収量を得るための重要な要件の一つである。栄養成長期が生育不良になると、そ

写真15　8葉期のトウモロコシの切開写真。低位置に3つの雌穂原基が確認できる

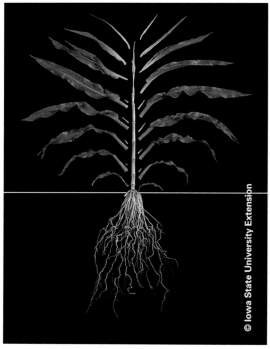

写真16　12葉期過ぎの切開写真。8つの雌穂原基が発生している

写真17　絹糸抽出期の切開写真（左）。上位の雌穂が優先され、下位のものは消失する。右は成長中の上位の雌穂

写真18 絹糸抽出期における外観の差（左は無処理区、右は追肥区）。無処理区は葉先が黄色くなり養分不足の状況が見られる

写真19 収穫時点における稔実性の比較（上は無処理区、下は追肥区）。複数の圃場平均で子実収量は15％程度増加した

の後も生育不良を引きずってしまう場合が多いので、子実収量も低下する。

追肥の効果

前述の通り、6葉期以降に各養分吸収が急激に増加する。この段階で養分吸収がうまくいかなければ、収量に大きな影響があり、後からの回復は難しくなる。特に子実トウモロコシは飼料用と異なり、堆肥を十分に投入できないことが多いため、効果的に分肥をする必要がある。

特に窒素は要求量が高く、生育への影響が大きい。他の養分との供給バランスが取りにくく、流亡の可能性も高い。基肥で大量に養分供給するのも不可能ではないが、窒素中心の追肥を行う方がコストを抑えられ、高収量確保の近道と言える。

当組合試験で、施肥カルチを使用して窒素分2kg/10aを施用したものを撮影した（**写真18**）。一般的に追肥の効果は施肥後2週間以降、特に絹糸抽出前後に顕著な差が見られた。最終的には雌穂の先端の充実度合いや、子実の大きさに差が出る（**写真19、20**）。

追肥の方法

追肥には、窒素を主体とした資材が推奨される。窒素分を十分に吸収した場合、根の発育が旺盛になり、微量要素の吸収量も上がる

写真20 完熟前に養分が不足した子実（左）と、完熟まで養分が充足した子実（右）。子実の大きさ、色、張りが異なる

ことから（**表6**）、まずは子実トウモロコシの主食である窒素を充足させるようにする。

尿素と硫安がコスト面からも使用しやすいが、硫安を使うと葉焼けが顕著に見られる。ブロードキャスタを使用する場合は尿素を選び、施肥カルチの場合はどちらでもよい。施用量は窒素換算でおおむね5kg/10aとなる量が適当である（尿素だと約10kg/10a、硫安だと約20kg/10a）。多過ぎる窒素施用は軟弱徒

表6 葉身分析値の比較（71サンプルの分析値に基づく）

	N (%)	P (%)	K (%)	Ca (%)	Mg (%)	Zn (ppm)	Cu (ppm)	Mn (ppm)	B (ppm)	S (%)
窒素分不十分	2.27	0.22	1.96	0.25	0.11	11.5	6.99	36.8	9.15	0.09
窒素分充足	2.67	0.25	2.01	0.26	0.11	13.5	7.66	40.1	9.8	0.1
目標下限値	2.5	0.2	1.8	0.3	0.2	15.0	4.0	20.0	5.0	0.1

長を誘発し、絹糸抽出前に倒伏する恐れがあるため、気を付ける。

特に追肥が有効となるのは、排水が悪く基肥が流亡する可能性が高い場合や、土壌の物理性が悪く根域拡大に制限がある場合、有機物の補給が十分でなく保肥力が低い場合、低温で生育不良などの状況である。

より追肥効果を上げるポイントは、追肥後に成分を土壌表面から速やかに土壌中に浸透させることにある（雨による溶解と浸透）。降雨が予想される直前の散布が良い。また養分が根から吸収できる形態になるまでは時間差があるため、養分吸収の急増直前（6葉期程度）に施用することが望ましい。これらのことから、施肥カルチを使う方が手間はかかるものの、効果は安定する。

葉面散布は、あくまで一時的なカンフル剤という位置付けで考えることが肝要である。追肥時に必要な養分量を葉面散布で補給しようとした場合、コストが高くなってしまう。濃度障害による葉焼けも顕著に現れることから、一般的な追肥との置き換えは困難である。

ただし、特定の養分欠乏症状が出ている場合は、微量要素資材の葉面散布が効果を発揮することがある。欠乏症が現れ、早急に微量要素を吸収させたい場合は使用してほしい。とはいえ、要素が吸収される間も作物は成長し続けるため、ダメージを完全に回復することができない場合もある。北海道の子実トウモロコシ栽培において発生し得る欠乏症状は写真を参考にしてもらいたい。

①マグネシウム欠乏

葉脈間が白色もしくは黄色になる（**写真**

写真21 マグネシウムの欠乏症状

写真22 カリウムの欠乏症状

21）。または、葉の縁が壊死。下位葉が紫色になるのも典型的症状。特に低温年に発生しやすい。

②カリウム欠乏

古い葉（下位葉）の周縁部が黄色く脱色し、壊死する（**写真22**）。水に溶けやすい性質であり、圃場が滞水すると流亡して、欠乏症状が出ることがある。

③カルシウム欠乏

雄穂抽出前の生育旺盛な上位の葉に見られる（**写真23**）。カルシウムが作物体内で移動しにくいために起きることが多く、後の生育に影響することは少ない。カルシウム欠乏は

むしろ土壌が酸性化して起きやすい。

④硫黄欠乏

新しい葉（上位葉）が全体的に白色〜薄い黄色に脱色する（**写真24**）。硫酸根が含まれない肥料を施用し続けると発生する可能性がある。

写真23　カルシウムの欠乏症状

写真24　硫黄の欠乏症状

写真25　亜鉛の欠乏症状

図3　塩基バランスの違い（左は典型的な水田転作圃場、右は理想）

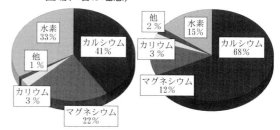

⑤亜鉛欠乏

特に新しい葉（上位葉）の葉脈間が脱色する（**写真25**）。土壌中の不足か、生育が停滞して吸収できていない可能性が挙げられる。除草剤の薬害に起因することもある。

土壌改良剤の重要性

子実トウモロコシは窒素、リン酸、カリウムだけでなく、硫黄、カルシウム、マグネシウムも比較的多く吸収する。硫黄は主に基肥に配合されている肥料の硫酸根で充足することができるが、カルシウムとマグネシウムは毎年作物が収奪するため、意図的に補給しないと不足する場合がある。近年は硫酸が含まれない肥料もあるので、硫黄の不足にも注意が必要である。

子実トウモロコシ栽培先進地である道央の水田転作地帯では、マグネシウムの割合が高い圃場が多い。塩基バランスを調整するために、積極的なカルシウム施用が必要な場合がある。**図3**の左が典型的な水田転作圃場（岩見沢市）、右が子実トウモロコシ圃場の理想的な塩基バランスである。塩基バランスを考慮しない土壌改良剤の施用はかえって特定の養分の吸収阻害を引き起こす可能性があるので、土壌分析を行った上で改善してもらいたい。

雑草防除

■農薬ラベルの見方

子実トウモロコシ栽培における農薬の適用

表7　農薬ラベルの見分け方

ラベルの分類	飼料用子実トウモロコシ	食用子実トウモロコシ
飼料用とうもろこし	○	×
飼料用とうもろこし（子実）	○	×
飼料用とうもろこし（青刈り）	×	×
とうもろこし	×	○
とうもろこし（子実）	×	○
未成熟とうもろこし	×	×

写真26　激しい薬害

範囲の理解は非常に複雑である。出来上がったトウモロコシの用途で考えると理解しやすい。本マニュアルで指す子実トウモロコシは、農薬ラベルだと「とうもろこし」「とうもろこし（子実）」「飼料用とうもろこし」「飼料用とうもろこし（子実）」が該当する。乾燥させた子実トウモロコシを飼料用に使いたいのであれば、ラベルに「とうもろこし」「とうもろこし（子実）」のみ記載されている農薬だと、飼料用には使用できない。この場合は食用に限定される。

具体的に表7に示した。飼料用と食用で対応が分かれる他、「飼料用とうもろこし」の表記しかないものもある。「未成熟とうもろこし」（スイートコーン）は子実トウモロコシには使用できない農薬ということになる。

■除草剤の選択と散布時期

子実トウモロコシを栽培する場合、他の作物では防除し切れない雑草を退治するのが目的の一つとなることも多い。

北海道でより低コストで効果的な防除を考えるならば、茎葉処理を中心に行うのが適当と言える。特に勧めたい茎葉処理剤は、多年生のイネ科雑草を特異的に防除するもの（ワンホープ乳剤）と、一年生のイネ科と広葉雑草を幅広く防除するもの（ブルーシアフロアブル、アルファード乳剤など）である。雑草の発生が多い場合や生育処理が遅れた時には、前述の薬剤にゲザプリムフロアブルやバサグラン液剤を組み合わせるとより高い効果が得られる。

生育処理中心に述べてきたが、土壌処理を否定するものではない。特に食用の子実トウモロコシを栽培する場合は、茎葉処理剤の選択肢が限られるため、土壌処理剤を上手く組み合わせる必要がある。また、圃場の水はけが悪く生育処理のタイミングを逃す恐れがある場合は、土壌処理がリスクヘッジになることも覚えておきたい。

薬剤の処理時期はラベルの範囲内で行うことはもちろんだが、範囲内だからと言って薬害が出ないわけではない。例えば、春の天候が不順になると初期生育が緩慢になり、葉色が薄く黄色味がかったようになる。このような状況で茎葉処理を行うと、強い薬害が出る可能性があり、程度によっては収量に大きな影響が出る（写真26）。生育が芳しくない場合は、葉色が緑色に回復してから、処理を行うのが適当である。

■雑草との競合

雑草は成長スピードが子実トウモロコシよりも早く、競合すると必要な水分や養分を吸収できなくなる。雑草が大きくなってから生育処理した場合、駆除率は高くなるものの、処理前の競合によって収量が大きく低下するケースがある（写真27）。駆除率の向上を狙って、過度に生育処理を遅らせて減収を招くことがないように注意したい（表8）。

写真27 防除遅れで雑草と激しい競合をしたケース。同一圃場で防除は成功したものの、稔実に影響が出た例

る。サイレージ用の場合、播種から総体（雌穂と茎葉を合わせた地表部の作物体全て）の乾物率が30％に当たる。よってある2品種を比較した場合、サイレージ用の相対熟度の日数表記の差が5日であっても、子実の場合は同じ熟度になる可能性がある。また逆転することもあるので、注意が必要だ。

北海道子実コーン組合とホクレンが推奨している3品種の子実の相対熟度は、P7631が76日（サイレージ用の場合82日）、P8025が83日（サイレージ用の場合85日）、P9027で91日（サイレージ用の場合93日）である。

■子実の登熟

北海道で子実トウモロコシを栽培するなら、7月下旬までには絹糸抽出期（いわゆる「ヒゲ」が出る時期）を迎え、受粉が完了するような品種を選ぶ必要がある。なぜなら受粉から完熟までに55〜60日程度を要するからである。受粉完了後すぐに子実は肥大を開始し、水熟→乳熟→糊熟→黄熟→完熟と登熟が進む（**写真28**）が、このスピードは日数ではなく積算温度に依存する。

表8 茎葉処理時の雑草との競合が収量に与える影響

茎葉処理時の雑草サイズ	駆除された雑草の割合	収量への影響
5cm	73％	0％
10cm	83％	3％
15cm	90％	7％
22.5cm	93％	14％
30cm	95％	21％

子実の登熟と収穫のポイント

■品種の早晩性

サイレージ用とは異なり、品種の早晩性のほとんどが子実トウモロコシに明示されていない。しかし実際は、それぞれにサイレージ用とは別の相対熟度が存在している。これは播種からブラックレイヤー（完熟期の見極め）が出るまでの相対的な早晩性で表され

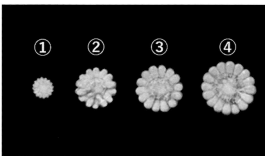

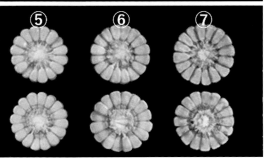

写真28 登熟期別の雌穂断面図。①雌穂発生段階 ②開花期 ③水熟期 ④乳熟期 ⑤糊熟期 ⑥黄熟期 ⑦完熟期

天候次第ではあるが、黄熟期（**写真29**）に到達するのが絹糸抽出後40〜45日、完熟期は55〜60日程度である。生育の進み具合や、収穫時期の推定には、絹糸抽出期を把握することが重要である（播種日からの推定も不可能ではないが、誤差が大きくなる）。

　そして絹糸抽出後35〜40日が経過した後は、子実の色で登熟具合の判断ができるようになる。雌穂の真ん中辺りを半分に折り、先端側を下から見ると確認できる（**写真30**）。子実の外側は黄色、内側はクリーム色に分かれており、この境目をミルクラインと呼ぶ。ミルクラインは登熟に伴い、内側へ進んでいく。これはでん粉の蓄積が外側から内側に向かうためで、最も内側（基部）まで蓄積した段階で、完熟期を迎える。

■完熟期の見極め

　完熟期の判定はブラックレイヤーの発生を確認する必要がある（**写真31**）。ブラックレイヤーは、蓄積したでん粉の層が子実の基部まで達し、いくつかの細胞の層がつぶれ、圧縮されて生じた黒みがかった層のことをいう。

　ブラックレイヤーの発生段階では、子実の水分は通常30〜35％である。栄養分の蓄積は最大に達している。脱粒時に柔らかい子実へのダメージが大きくなるため、水分25％程度に乾燥させてからの収穫が望ましい（**写真32、33**）。国産コンバインを使用する場合は、海外製よりも脱粒性能が落ちるため、高水分での収穫は控えた方が良い。収穫時の水分は低いに越したことはないが、現状の北海道における秋の気温だと、10月15日以降の水分低下はほぼ期待できない。

　例外ではあるが、登熟前に極端な低温に見舞われた場合や病害で枯死した際、完熟前に

写真31　ブラックレイヤー発生の推移。右に行くほど着色が強い。品種によってはこげ茶に近い場合もある

写真29　黄熟期の雌穂外観

写真30　ミルクラインの判別（左：ミルクライン1/4〈黄熟初期〉、中央：ミルクライン1/2〈黄熟期〜黄熟中期〉、右：ミルクライン3/4〈黄熟後期〉）

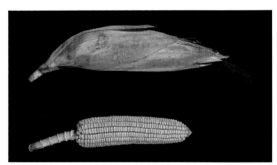

写真32　完熟期の雌穂外観

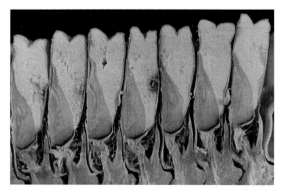

写真33　ブラックレイヤーが明確なほど（水分が低下するほど）脱粒が容易になる

表9　子実水分ごとの水分低下に必要な有効積算温度の目安（有効積算温度は10〜30℃）

子実水分	30%〜25%	25%〜20%
1%の水分低下に必要な有効積算温度	17℃	25℃

ブラックレイヤーを形成することがある。この場合、それ以降は子実への養分転流が行われないため、子実の重量は増加しない。

■ 完熟後の子実の水分低下

ブラックレイヤー発生後の水分低下率は、その時期の天候（積算温度、湿度、降水量）に影響を受けるため、1日に低下するパーセンテージを明示するのは困難である。完熟したタイミングが8月末と9月末だった場合、それ以降の1日の積算温度は大きく異なり、1日の水分低下度合いに差が生まれる。アメリカアイオワ州立大学の研究に基づくと、**表9**のようになる。これについては国内の試験でも同様の結果が得られている。つまり水分低下は積算気温に依存する。特に子実水分が25%以下の場合、より積算温度が必要だ。

積算温度ほど影響の度合いは高くないが、水分低下の要因は他にもある。例えばハスク（苞皮(ほうひ)）が厚く、枚数が多い品種は水分が低下しにくい。加えてハスクが雌穂に密着する品種だと乾燥が遅れてしまう。子実の形質に硬質でん粉（フリント）の度合いが強い場合、子実の水分が低下しにくい傾向がある。

重要な病害

■ すす紋病

北海道での子実トウモロコシ栽培において最も重要な病害は、すす紋病である。土壌菌 *Exserohilum turcicum* によって引き起こされ、湿度が高く温度が18〜27℃の条件下で拡大しやすい。どの生育ステージでも感染し得るものの、特に受粉後は注意したい。

すす紋病が発生すると、葉の葉緑素が壊死して、光合成能力が落ちる（**写真34**）。子実の充実が不十分で、収量が低下してしまう。新しい病斑は1週間を経ずに胞子を生成し、

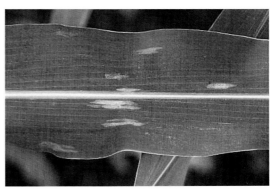

写真34　すす紋病発生初期の病斑

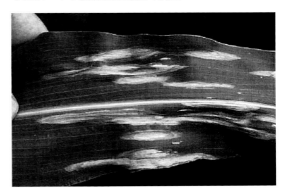

写真35　病斑が拡大した状態

写真36　病斑が個体全体へ拡大した状態

二次感染を始める（**写真35**）。

早い生育段階で感染した場合、二次感染が活発となる。登熟途中で病害が上部まで進行すると、光合成量が著しく制限を受ける。登熟が大きく遅れ、子実収量は低下する。程度がひどい場合（**写真36**）、弱った個体が二次的に根腐病にかかることもある。それに起因した折損による収穫ロスで大きく収量が減ってしまう。

■すす紋病の対策
①抵抗性の高い品種を用いる
　北海道では複数のレース（すす紋病菌の種類）が見つかっている。ある特定のレースに強いものと、弱いもので品種が分かれるため、複数年の実績に基づく選択が必要である。
②輪作を行う
　罹病したトウモロコシ残さが感染源となるため、輪作により病原菌の密度を低下させることができる。
③殺菌剤の散布
　日本において登録があるのはチルト乳剤のみ。十分な効果を得られる散布時期は病斑が発生する前に限定され、品代に占める薬剤費が高くなることから、費用対効果を検討の上、判断してほしい。
　これらの対策を前提とし、当組合では殺菌剤処理をせず、すす紋病の発生を低レベルに抑えることができている。完全に病斑の発生を抑えることはほぼ不可能であるため、罹病程度は**写真37**に示したレベルであれば許容範囲と考えて良い。

■ごま葉枯病
　比較的温暖な地域で発生する病害である（**写真38**）。病原菌は*Bipolaris maydis*で、20～30℃の高温多湿条件で活発に活動する。どのステージでも、感染の可能性がある。好発条件が比較的高温で、道内では開花前後から発生が見られる。菌の活動が低下する9～10月になると感染は拡大しない傾向にある。子実トウモロコシに与える影響は、すす紋病と同様である。今後、温暖化がさらに進めば発生が顕著になる可能性もあるが、現状はすす紋病の方が甚大な被害になるケースがほとんどである。

■*Fusarium graminearum*由来の穂腐病
　北海道において最も発生が確認できるのは、本菌由来の穂腐病で、特徴、症状、対策は以下の通りである。

写真37　すす紋病の許容範囲。完熟期の脱色前にこの程度であれば、収量への影響はほとんどない

写真38　上はごま葉枯病の初発段階、下は全体へ感染拡大した状態

①特徴

　*Fusarium graminearum*は小麦の赤カビ病菌の1つと共通する病原菌である。感染した作物の残さで越冬し、胞子は風や雨粒の飛散で移動する。雌穂への侵入は発生して間もない絹糸を通じ、受粉直後に低温（18〜21℃）で湿度の高い条件が続くと感染が助長される。

②症状

　雌穂の先端から基部へ向かい、赤〜ピンク色のカビが発生する（**写真39**）。場合によっては非常に薄い色を呈する（**写真40**）。早期に罹病した場合はハスクと雌穂が固着し、雌穂全体が腐敗。子実の表面には子囊殻（菌の子実体で黒色）がわずかに付着する。

②対策

　適切な品種選定を行う。カビに対する抵抗性は品種によって遺伝的に異なる。サイレージ用の延長で子実生産を検討する場合があるが、カビの抵抗性については明確に基準を変える必要がある。なぜならカビの発生の多くが、サイレージ用の収穫適期である黄熟初期〜中期に顕著になるためである。従って子実トウモロコシの場合は、完熟期前後でカビの抵抗性がある品種を使用する必要がある。現在、当組合で推奨しているものは、選抜試験をクリアしている。

　発生が顕著な場合は、宿主作物（北海道の場合は小麦）と連続した作型を避ける。

　先端不稔の個体に発生が多いため、稔実性の高い品種を選択する。圃場の排水性を向上させ、肥培管理を充実させるなどして、先端不稔が発生しないようにする。

③カビ毒

　本菌は主にデオキシニバレノール（DON）を産生する（まれにゼアラレノンも産生）。ただし、カビの発生が必ずしもカビ毒の生成につながるわけではない。顕著な発生が確認された場合は、念のため別に管理した上でカビ毒分析を行い、取り扱いの判断をすること

写真39　ピンク色のカビが発生した様子。先端不稔は胞子の付着を招きやすい

写真40　わずかにある着色。黒い子囊殻の付着が確認できる

が賢明である。組合の乾燥調製された集荷物の中から、出荷段階で使用に耐えないカビ毒が検出された事例は現状報告されていない。

■*Fusarium Verticillioides*由来の穂腐病

　2020、23年のような乾燥して温暖な年に散見される穂腐病である。

①特徴

　*Fusarium Verticillioides*によるカビの発生は府県で最も問題になっていたが、温暖な年の道央南でも発生が確認された。病原菌はトウモロコシ以外の作物残さにすみ着き、特にイネ科の雑草に多く見られる。感染は幅広い環境で起こるが、温かく乾燥している場合が顕著である。

病原菌は主に雌穂に対する害虫（特にアワノメイガ）の食害や、ひょうなどによる損傷部分から侵入する（**写真41**）。また、空気中の胞子は絹糸を伝って子実へ侵入し、感染することがある。

②症状

　カビの色は白が多く、まれに薄いピンク色を呈する（**写真42**）。完全に感染した子実は、茶色もしくは茶褐色に変色する。また絹糸が接着していた子実の上部から放射状に伸びる淡い色の筋が見られることがある（**写真43**）。重度に感染すると、雌穂とハスクが完全に菌糸で固着してしまうことがある。

③対策

　遺伝的、形態的な品種の抵抗性の考え方は*Fusarium graminearum*由来のカビと同じである。遺伝的抵抗性は前項の菌には強くても、本菌には弱い場合があるため、個別のチェックが必要である。当組合で推奨しているものは、本菌に対しても選抜試験をクリアしている。

　感染の要因であるアワノメイガの発生が顕著な場合はプレバソンフロアブルに代表される殺虫剤を適切な時期に散布する（現状北海道では必須と考えていない）。

④カビ毒

　本菌は主にフモニシンを産生する。カビの発生が顕著な場合は、前項で述べたような対処をすることでリスクを低減することができる。

【参考資料】
- Nafziger, E. D. 1996. Effects of missing and two-plant hills on corn grain yield. Journal of Production Agriculture 9：238-240.
- Grower et al. 2003 Weed Technol. 17：821-828

写真41　アワノメイガの食害痕。ハスクに丸い穴が開いている

写真42　ハスクを除去した雌穂。食害痕から病原菌が侵入している

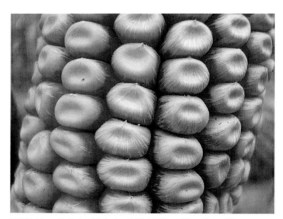

写真43　まれに見られる放射状の淡い色の筋

※本マニュアルの写真の一部は「Iowa State University Extension」の好意により活用している。海外事例の一部は「Corteva agriscience」が使用を許諾する「Pioneer Agronomy Sciences」からの内容を含み、無断複製および転載を禁止する。

土壌改善効果

第1章 栽培 03

広がる栽培面積

　道内にある水田22万1,000haのうち、水稲が作付けされているのは9万3,600ha（北海道農林水産統計年報2021～22年）であり、水田全体の4割ほどにとどまっている。水田を畑作で利用するには、田畑輪換方式と畑地化（永久転換）方式がとられてきた。転作作物は、政策的振興を背景とした助成措置の優位性や導入が容易なことから、これまでは小麦と大豆に集中してきたものの、短期輪作に起因する連作障害などの収量低下が問題となっている。

　連作障害を回避する観点から新規輪作作物が求められている昨今、温暖化の進行とも相まって、早生で雌穂生産量の多い飼料用トウモロコシが開発されている。道総研は09年から子実トウモロコシ栽培方法の改良や品種選定に取り組んできた。

　こうした背景のみならず、輸入飼料の価格上昇による国産品の需要増加もあり、08年に道央地域で試験栽培が始まった子実トウモロコシの作付けは道内全体で1,200ha超と面積が拡大している。

　今回は輪作作物の一つとして定着しつつある子実トウモロコシ栽培が、水田土壌の物理性などに与える影響について述べる。

栽培による土壌物理性改善効果

　トウモロコシをはじめとするイネ科植物は、緑肥に使われるほど根張りに優れる。その中でもトウモロコシは、出穂すると根の深さ・幅は共に2mの範囲に広がるともいわれ、その深さはプラウやロータリの耕作深を超える。土深くまで伸びた根が水を吸収することで乾燥した土壌に亀裂が入り、枯死した細孔が新たに伸びた根の水道（みずみち）となることにより、透排水性が改善される。

■問題のある転換畑で試験

　転換畑の場合、水田に施された代かきと常時たん水によって土壌が分散し、作土が泥状となってしまう。土壌の団粒（土壌の粒子が小さな塊を形成している構造）は壊され、孔隙（こうげき）が少なく、保水量や透水性（水の通りやすさ）は低下する。そのため、粘質な水田土壌を畑に転換すると、砕土性の不良による出芽・苗立ちが不安定になり、その後の生育不良が問題となる。

　こうした土壌物理性に劣る田畑輪換初年度の圃場でトウモロコシを作付けし、収穫直前時期に現場透水試験（シリンダーインテークレート法）を行った。同一圃場内に設けた裸地区（無作付け区）に比べ、トウモロコシ栽培区は基準浸透能（Ib）が高く、透水性の改善効果が確認された（表1）。また、作付け前の土壌中に見られたグライ層（たん水などにより酸素不足となり還元状態になった土層）は、水道に空気が入り込んだことで、土壌還元状態の改善が確認された。この傾向は、畑地化2年目の圃場でも確認することが

表1　収穫期における現場透水試験（シリンダーインテークレート法）による基準浸透能の変化

圃場	圃場条件	基準浸透能（mm/時）
1	裸地区	0.12
1	トウモロコシ区	182
2	裸地区	7.78
2	トウモロコシ区	315

できた（表2）。前年にトウモロコシを作付けた圃場の深い部分にはトウモロコシの根がつくった糸根状の斑紋が多く見られた。斑紋は土壌中の還元態の鉄成分が水に溶けて移動する際に、酸化鉄となって細孔隙（水道）の内壁に付着したもので、水道が空気の通り道として機能していることが示唆されている。

また、その他の土壌物理性に及ぼす影響を調査したところ、子実トウモロコシ導入後1～2作目では、土壌の孔隙率や容積重、飽和透水係数や耕盤層出現深、貫入抵抗値（土壌の硬さ）でおおむね改善する傾向が見られた（表3）。深さ20cm以内に耕盤層が存在する場合、大豆の生育を大きく阻害してしまう。耕盤層出現深が深くなることで、後作物の収量増加効果が期待できる。

■収穫物残さすき込みによる土壌の変化

畑作においては地力の低下を防ぎ、農産物生産の持続性を高めるため、緑肥栽培が非常に有効な手段となる。しかし、農地面積の制約や作物の収益性が低いことから導入をためらう農家も多い。飼料用トウモロコシはサイレージ用途であれば地上部全体を収穫・利用するが、子実トウモロコシは子実のみを収穫

表2　ジピリジル反応による土壌還元程度の判定

土層深 (cm)	1年目 トウモロコシ 耕起前	2年目大豆 耕起前 裸地区	2年目大豆 耕起前 トウモロコシ区	2年目大豆 収穫期 裸地区	2年目大豆 収穫期 トウモロコシ区
0～15	−	±	−	−	−
15～30	+	++	+	+	±

ジピリジル反応の判定基準
還元程度
弱
− ：しばらく放置しても呈色しない
± ：しばらく経つと弱く呈色
+ ：即時呈色するがその程度は弱い
++ ：即時鮮明に呈色
強

表3　子実トウモロコシ導入が土壌物理性に及ぼす影響（調査時期は当年作物の収穫後）

圃場	前作	層位[注1]	作物	全孔隙率 (vol%)	容積重 (g/100mℓ)	飽和透水係数 (cm/秒)	貫入抵抗値 (MPa)	耕盤層出現深[注2] (cm)
①	秋まき小麦	1	大豆	48.9	122.0	5.0×10^{-4}	0.4	25
		2		48.9	117.8	1.1×10^{-1}	1.8	
		3		47.5	126.1	3.9×10^{-7}	1.8	
	トウモロコシ	1	大豆	51.6	124.8	1.5×10^{-4}	0.6	38
		2		48.5	136.3	5.0×10^{-4}	1.3	
		3		63.0	97.5	4.8×10^{-6}	1.5	
②	たまねぎ	1	春まき小麦	41.9	133.1	7.9×10^{-3}	1.4	11
		2		37.7	144.5	2.2×10^{-2}	2.5	
		3		46.3	131.0	1.7×10^{-3}	2.5	
	トウモロコシ	1	春まき小麦	48.4	125.8	6.6×10^{-3}	1.0	20
		2		46.8	138.0	4.7×10^{-3}	2.2	
		3		50.6	126.1	1.3×10^{-3}	2.3	

注1）貫入抵抗値以外は層位1：5cm深、層位2：25cm深、層位3：45cm深。貫入抵抗値は層位1：0～20cm、層位2：20～40cm、層位3：40～60cmの平均値
注2）貫入抵抗値1.5MPa以上が出現した深度

するため、茎葉や苞皮、穂芯は収穫残さとして圃場に還元することにより、緑肥的役割が期待できる。

収穫物残さの圃場すき込みは、有機物を土壌に加えることで団粒の形成が促進され、土壌の保水力や保肥力増加につながることが知られている。子実トウモロコシの場合、その残さ量は乾物にして1,000〜1,200kg/10aほどになり、圃場への有機物補給に大きく寄与する。

さらに、収穫物残さのすき込みにより、土壌における炭素含有量は増加する傾向が見られる。有機物の連用は全炭素含量の蓄積とともに全窒素含量の蓄積をもたらし、地力の増強につながる。通気性不良土壌でC/N比の高い有機物を多量にすき込むと後作物に窒素飢餓を引き起こす懸念はあるが、子実トウモロコシ残さは分解が早いためその可能性は低い。また後作物に対する窒素供給量は少ないと考えられ、後作物における窒素の減肥および増肥対応は不要と判断される。

■ 輪作体系における子実トウモロコシ導入が後作物の収量と収益性に及ぼす影響

09年から11年にかけ、「子実トウモロコシ導入区(トウモロコシ→大豆→秋まき小麦)」「輪作慣行区(秋まき小麦→大豆→秋まき小麦)」「小麦連作区」の3パターンのモデルケースを比較した。その結果、子実トウモロコシ導入区を見ると、翌年の大豆への影響は判然としなかった。ただ3作目を見ると、秋まき小麦の収量は子実トウモロコシを導入した場合で9％増加している(表4)。一方、秋ま

表4 輪作体系における子実トウモロコシ導入が後作物の収量に及ぼす影響　(単位:kg/10a)

	前作	1作目(2009)	2作目(2010)	3作目(2011)
輪作慣行区	秋まき小麦	秋まき小麦 292	大豆 298 (100)	秋まき小麦 512 (100)
子実トウモロコシ導入区	秋まき小麦	トウモロコシ 832	大豆 305 (102)	秋まき小麦 560 (109)
小麦連作区(参考)	秋まき小麦	秋まき小麦 292	秋まき小麦 321 (—)	秋まき小麦 257 (50)

※上段:作物　下段:収量(輪作慣行区を100としたときの比)

表5 トウモロコシ導入輪作と小麦連作の収益性比較(2014年試算)　(単位:kg/10a、円/10a)

		小麦連作			トウモロコシ導入輪作(調査当時単収、面積)		
		秋まき小麦	秋まき小麦	秋まき小麦	トウモロコシ	大豆	秋まき小麦
	収量(注)	290	290	290	983	302	560
粗収益	品代収入	12,833	12,833	12,833	25,558	25,625	24,780
	交付金:畑作物直接支払	28,758	28,758	28,758	0	57,783	55,533
	交付金:水田活用	35,000	35,000	35,000	35,000	35,000	35,000
	農業粗収益	76,591	76,591	76,591	60,558	118,407	115,313
	合計(①)		229,773			294,279	
物財費	物財費	49,190	49,190	49,190	45,238	62,645	49,299
	合計(②)		147,569			157,182	
	所得(①-②)		82,204			137,097	

注)収量については、大豆はトウモロコシ導入輪作区、小麦・豆類輪作区の平均、小麦連作区の小麦収量は3カ年平均値で設定

き小麦を連作している区については、条斑病や眼紋病などの連作障害が発生し、試験期間通して低収傾向が見られた。ここにデータは掲載していないが、トウモロコシ→春まき小麦→秋まき小麦の圃場も、後作1作目、2作目ともに7％ほどの増収が見られており、トウモロコシ導入による小麦の増収効果が確認された。

次に「子実トウモロコシ導入区」と「小麦連作区」の農業所得を比較した（表5）。調査時の子実トウモロコシ収量（983kg/10a）と作付面積（28a）が前提になるが、小麦連作下で想定される小麦の収量水準が低いため、現状のトウモロコシの収量基準およびコーンヘッダの稼働面積であっても、先に紹介した土壌改善によって生産性が上がれば、大幅な収益性の向上が期待できる。子実トウモロコシの生産物単価は大豆、小麦に比べ低いものの、生産力が高く多収であり、交付金が加わることで、相応の粗収益を得ることができる。地域内で子実トウモロコシの作付面積が拡大すれば、収穫に要するコーンヘッダの稼働率も上がり、物材費の削減が期待できるだろう。

現地実態比較調査

北海道子実コーン組合の依頼により、現場圃場で土壌物理性の比較調査を行った。

■同一圃場内の子実トウモロコシに生育むらがある事例

子実トウモロコシ収穫時期の10月中旬に、根張りや土壌の特徴、土壌物理性および透排水性を調査した。衛星リモートセンシングによるNDVI画像や、圃場内外見調査から推定した生育量が異なる調査場所を2地点選んだ。

①土壌断面の特徴

圃場の作土（表層）の土性と厚さは、埴壌土（CL）で9～11cmだった。重埴土（HC）が出現する深度は生育良好地点（以下、良好地点）で28cm、生育不良地点（以下、不良地点）では19cmと差があった。

不良地点では、重埴土出現深付近で根が横にはっている傾向が見られた。一方、良好地点では糸根状の斑紋が深い層に多く見られた。前年度作付けたトウモロコシの根がつくった水道が空気の通り道として機能していることを示唆した。

②土壌物理性および透排水性

土壌の各層位の三相分布は、両地点で大きな差は見られなかった。一方、シリンダーインテークレート法による現場透水試験の結果、19年秋調査（トウモロコシ収穫期）、20年夏調査（後作物栽培期）共に良好地点での浸透能が高く、その差は20年夏調査の方で顕著だった（表6）。

表6　現場透水試験結果　　　　（単位：mm/時）

	2019年秋調査	2020年夏調査
生育良好地点	59.7	936.0
生育不良地点	15.0	238.5

■隣接圃場での子実トウモロコシ栽培区と秋まき小麦栽培区の比較事例

①土壌断面の特徴

圃場の作土（表層）の土性と厚さは、埴壌土（CL）で13～18cm、軽埴土（LiC）が出現する深度は35～37cmだった。後作物の大豆収穫期の調査では、トウモロコシ区で土層内30cm深まで縦亀裂が見られた。

②土壌物理性および透排水性

本試験では2カ年2度の調査を通し、土壌物理性、シリンダーインテークレート法による現場透水試験の結果、いずれも栽培作物による明瞭な差は確認できなかった（表7、8）。その理由として、小麦もイネ科作物であり、トウモロコシ同様根張りが旺盛であることから、土壌物理性へ与える影響が同等であったことが考えられる。

土づくりにメリット

　輪作体系の中に子実トウモロコシを導入することによって、トウモロコシの根張りに伴う土中への孔隙形成や、収穫物残さの圃場還元による土壌物理性改善効果が期待できる。

合わせて、連作障害の回避にもつなげられると言える。

　以上のことから、後作物の収量向上にも寄与することが明らかにされるなど、土づくりにおいてのメリットがいくつか確認されている。

表7　各層位における土壌物理性（上：2019年秋調査、下：2020年秋調査）

	深さ cm	容積重 g/100mℓ	全孔隙率 vol%	pF1.5における三相分布			飽和透水係数 (cm/秒)
				固相率 vol%	液相率 vol%	気相率 vol%	
トウモロコシ区	5～10	115.6	56.2	43.8	49.8	6.4	3.7×10^{-7}
	15～20	133.4	49.5	50.5	47.7	1.8	2.7×10^{-5}
	25～30	131.3	50.8	49.2	49.1	1.7	7.1×10^{-6}
小麦区	5～10	126.9	51.2	48.8	45.7	5.5	1.7×10^{-5}
	15～20	139.4	46.8	53.2	45.8	1.1	7.6×10^{-7}
	25～30	135.3	49.2	50.9	46.5	2.7	2.1×10^{-7}

	深さ cm	容積重 g/100mℓ	全孔隙率 vol%	pF1.5における三相分布			飽和透水係数 (cm/秒)
				固相率 vol%	液相率 vol%	気相率 vol%	
トウモロコシ区	5～10	132.4	48.5	51.5	46.1	2.4	2.4×10^{-1}
	15～20	134.3	49.0	51.0	47.5	1.5	8.4×10^{-8}
	25～30	103.3	61.5	38.5	56.4	5.1	1.4×10^{-6}
小麦区	5～10	136.8	48.5	51.5	43.4	5.0	5.6×10^{-7}
	15～20	135.2	49.2	50.8	46.7	2.5	1.4×10^{-7}
	25～30	132.9	49.2	50.8	48.8	0.4	5.8×10^{-7}

表8　現場透水試験結果　　　（単位：mm/時）

	2019年秋調査	2020年秋調査
トウモロコシ区	60.4	63.9
小麦区	6.3	54.5

第1章 栽培
04

コーンヘッダ

コーンヘッダを導入する意義

　子実トウモロコシの栽培拡大に伴い、コーンヘッダの普及も進んでいる。栽培が始まったばかりのころは、海外製の普通型コンバインに装着可能なヘッダしか取り扱いがなかったが、最近は国内メーカーでも開発されるようになった。現在はヤンマーやクボタなどの汎用コンバインに装着できるコーンヘッダが販売されている。

　現在も一部の生産者の間では、従来通りリールヘッダによる収穫が行われている。しかしこれではヘッドロスが生じて収穫量が減少し、倒伏した場合はさらに多くのロスが発生してしまう。そこで、コーンヘッダの基本的な構造と収穫ロスについて説明し、それらのデータに基づいて導入の意義を紹介する。

■コーンヘッダの仕組み

　コーンヘッダ（雌穂だけを取り込めるスナッパタイプのヘッダ）の基本的構造は、引き込みチェーンで茎をヘッダ内に取り込み、下部に装着されたローラーで茎を引き抜く。それからプレートの間に挟み込む形で雌穂を分離し、搬送チェーンと搬送スクリューでコンバイン内部に雌穂のみを送る構造となっている（**写真1**）。海外製のヘッダには、茎を粉砕するチョッパも装備されている（**写真2**）。リールタイプに比べ雌穂を確実にコンバインに送ることができるので、ヘッドロスが少なくなるのが特徴だ。稲を収穫する自脱型コンバインと同様、倒伏しても引き起こしながらの刈り取りが可能だが、倒伏の程度によっては収穫困難な場合もある。収穫時期を迎えて倒伏したら、速やかに刈り取り作業を

写真1　コーンヘッダの構造

写真2　海外製のヘッダに装着されたチョッパ

開始し、適期を逃さないようにしてほしい。

また、コーンヘッダを使うとコンバイン内部には雌穂のみが送られる。リールヘッダの茎葉も含めた脱穀工程より選別精度が上がるので、夾雑物（きょうざつぶつ）の混入が減少する。

■ヘッダの違いによるロス

北海道子実コーン組合では、2021年にヤンマー製の汎用コンバインを用いてヘッダの違いによる収穫ロスの調査を行った。収穫ロスはリールヘッダが5.7％に対し、コーンヘッダは0.9％と大幅に減少した（表）。その差は4.8％であり、トウモロコシの10a当たり収量を900kgとして換算すると、ヘッドロスは43kgになる。倒伏などの悪条件下ではさらに多くのロスが出ることが懸念される。

リールヘッダで多くのロスが発生しやすいのは、リールが茎に触れる際の衝撃や直接雌穂に接触することによって、雌穂が地面に落下し、回収できなくなるからである。以前は落下を防止するためリールヘッダの刈り刃部分に装着する部品があったが、現在は販売されていない。部品の間に茎などが挟まって取り除く作業が必要になることや、倒伏時には使用できないなど、実用的ではなかったのがその理由である。

子実トウモロコシに適した各調整方法

■コンバインの調整

子実トウモロコシは世界で最も生産量が多い作物であり、海外製のコンバインは子実トウモロコシの収穫を想定して設計されている。しかし日本では小麦や大豆用に使われているため、対応した部品の交換や調整が必要だ。国産メーカーでは開発が進んで専用部品が販売されているので、それらを購入して装着する必要がある。

■コーンヘッダの調整

プレートの間隔は、可動式と固定式の2種類ある。一部スプリングによる自動調整の機種もあるが、どちらにせよ、茎の太さに合わせて雌穂が茎と一緒に通り抜けない間隔に調整する必要がある。また作業速度や欠株の頻度、品種によっても調整が異なるので、作業を行いながらロスが発生しないよう観察する。海外製のコンバインではヘッダの回転速度が変えられる機種がある。速度が速過ぎると雌穂が機体にぶつかった衝撃で跳ね返り、地面に飛ばされることがあるので、車速に応じて回転数を設定してほしい。

■脱穀部の調整

国産コンバインは専用部品が発売されているので、マニュアルに沿って全ての部品を交換する。調整を行う部分はほぼないが、脱穀部の流れを調整する送塵弁（そうじん）は、脱穀の具合を見ながら調整してほしい。

海外製のコンバインでは脱穀ドラムの回転数と、コーンケーブ（受け網）のクリアランスが無段階に調整できる。まず、コーンケーブのクリアランスは収穫する雌穂のコブ（芯）の太さを約1.2～1.5倍に設定する。ドラムの回転数は、取扱説明書に記載されている最低回転に設定。タンク内の夾雑物の混入具合と排わら部からの未脱穀がないか確認する。砕けたコブがタンク内に混入する場合は、クリアランスを広げるか回転数を落とせば良い。排わら部から砕けて折れることもなく、コブが出てくる状態が理想だ。未脱穀で排わら部

表　コンバインのヘッダの違いが及ぼすヘッドロスの状況

ヘッダ種別	コンバイン収穫子実重（kg）	損失雌穂数（本）	ヘッドロス子実重（kg）	ヘッドロス（％）
リール	220.1	136.6	13.3	5.7
コーン	231.5	21.0	2.1	0.9

※ヘッドロス（％）＝ヘッドロス子実重／（コンバイン収穫子実重＋ヘッドロス子実重）×100

から排出される場合は回転数を上げ、それでも改善されない場合はクリアランスを狭める。子実の外れやすさは品種によって異なり、子実水分によっても変化する。1日の収穫作業の中でも調整が必要な場合があるので、よく観察することが大切である。

■選別部の調整

子実トウモロコシは他の作物に比べ脱粒しやすいので、あまりリターン（2番）を使わないように調整する。

国産汎用コンバインではグレンシーブを交換するタイプがある。収穫するトウモロコシに適したサイズを選定し、コブがタンク内に混入しないようにする。チャフシーブは中間に設定し、ロスの具合を見ながら調整してほしい。コブの混入が多いと選別が難しくなるので、その場合は脱穀部の調整に戻って改善する必要がある。ファンの速度が調整できる機種では最大値に設定し、なるべくシーブの上でコーンとコブが分離するようにする。

海外製のコンバインはグレンシーブ、チャフシーブ共に調整が可能だ。脱穀部の調整が最適であればグレンシーブは全開で構わないので、チャフシーブのみ調整を行う。ファンは強めに設定して、コブが排出されるようにする。

■刈り取りに適した条件

子実の熟度、水分、畑の乾燥具合、倒伏の程度など複数の要因から、刈り取り時期を選定する。北海道では降雪で作業期間が制限されるため、ブラックレイヤーを確認後、水分が25％以下になったら速やかに収穫を開始すること。倒伏が発生している場合は、海外製のコンバインであれば水分30％でも収穫が可能だ。カビの発生が懸念されるため、速やかに収穫を開始する必要がある。10月15日以降は気温の低下とともに水分低下も緩慢になるため、乾燥コストの削減は見込めない。

今後の課題

海外製のコンバイン（**写真3**）は子実トウモロコシの収穫を想定して基本設計されており、導入コストを除いて課題は見受けられない。ただし、中山間や府県の狭小圃場だと、大型であるがゆえに移動が困難な場合が多く、小型機種が導入されることが期待される。

国産汎用コンバインはヘッダや脱穀ドラムの回転数、クリアランスの調整など、大きな設計変更を伴う課題が挙げられる。各メーカーと新機種の対応を進めているので、今後の改善に期待したい。

写真3　活用が広がる海外製のコンバイン

第1章 栽培
05

高速乾燥機

海外製モバイルドライヤー

　子実トウモロコシの栽培が本格化し、栽培技術や品種適性が向上したことで、収量が1,000kg/10aを超えることも珍しくなくなった。しかし生産者からは「既設の米麦乾燥機では乾燥が間に合わないため、作付面積を抑えるしかない」という意見がある。そこで高能力乾燥機の活用を模索したところ、海外ではトラクタの動力による移動式乾燥機が存在することが分かった。北海道子実コーン組合で導入を進めた結果、現在は全国で15台以上のモバイルドライヤーが稼働しており、今後の穀物生産に向けて活躍の場が広がると思われる。

■モバイルドライヤーの仕組み

　海外製モバイルドライヤーは複数のメーカーから販売されているが、基本構造は類似しており、大容量タンク、大型ファン、大型バーナーで構成されている。国産乾燥機と同程度の容量を持った小型機種もあるが、ファンとバーナーは大型化されており、効率的な乾燥が可能である。ここでは導入が進んでいるMecmar社製を例に紹介する。

　まず作業開始にはトラクタPTOを起動する。それに連動して、乾燥機中心部の循環オーガが回転する。次に後部ホッパの起動レバーを操作し、原料を投入。原料はホッパ下部のオーガから本体中心部の循環オーガを通じ、上部から落下してタンク内にたまっていく（図1）。ホッパ下部オーガと循環オーガの接続部にはシャッターなどはなく、ホッパ側から原料が送られてこない場合は、タンク内の原料を循環する。タンクが満量になったらホッパ起動レバーで停止させ、循環を開始させる。内部の風洞が隠れない量だと、熱風が逃げて乾燥できないため注意が必要だ。ファンの起動レバーを操作して送風を開始

図1　使用機の張り込みと循環図

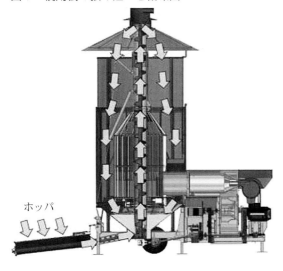
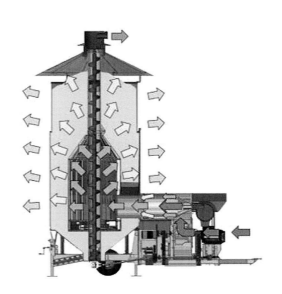

写真1　試験運用中の25tタイプの乾燥機。左が搬送時、右は運用試験で展開した時の様子。上部に排出口がある

し、連動して内部の発電装置が起動する。次に操作盤からバーナーの起動を行う。乾燥終了後は30分以上送風を行い、穀温を十分に下げること。排出シュート下にトラックなどを準備し、排出シャッターを操作すると、循環オーガ側面から排出シュートに原料が流れて排出される（**写真1**）。排出シュートは両側面に2カ所あるので、作業時のレイアウトに応じて使い分けが可能。

■温度と穀温、水分の設定

Mecmar社製のモバイルドライヤーには送風温度計と水分計、穀温計が装備されている。メーカーの飼料用子実トウモロコシの設定値に合わせ、送風温度は120℃に設定する。50℃以下に設定する国産の乾燥機に比べるとかなり高い温度だが、大型ファンによる送風量とのバランスで、原料に割れや焦げなどが発生することはない。

穀温計は60℃に設定。この温度もメーカーによる設定値で、穀温が60℃に達した時の水分が13％となり、乾燥が完了する。水分計も装備されているが、おおよその水分を確認するための目安として使用してもらいたい。

■乾燥の実証

北海道子実コーン組合ではMecmar社製13tタイプの機種を用いた実証試験を長沼町で行った（**写真2**）。運転条件は以下の通り。

場所：長沼町K氏圃場（北長沼地区）
調査日：2019年10月28日
品種：P9027（中生）
投入量：約13t
熱風設定温度：120℃
穀温設定温度：60℃
粒水分測定：Mini GAC DickyJhon（3回測定の平均）
穀温：乾燥機の表示温度
外気温：平均13℃（長沼町アメダス）
PTO選択：540rpm（720rpm運転）

刈り取り時の子実トウモロコシの水分は25.3％であり、収穫に問題ない水分であった。外気温は10月下旬としては平均的な13℃

写真2　長沼町で行われた実証試験の様子

図2 実証試験の温度、水分の推移

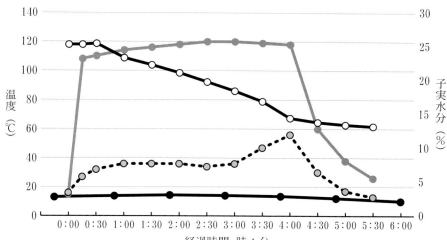

で運転を開始した（図2）。

張り込みを完了し、バーナーを点火した時点から経過時間を計測。数分で熱風設定温度120℃まで上昇し、それに伴い穀温も上昇していった。30分が経過したころ、乾燥機外部に水蒸気が白い湯気となって発生。穀温は約40℃で横ばい状態だったが、3時間後、水分が18％になってから上昇し始めた。1時間ほどで60℃に達したため、設定通りバーナーが自動停止した。この時の水分は14.4％だが、ファンの冷却で外気温に近づくにつれてさらに低下。目標水分の13％に達した。

■今後の展開

国産乾燥機は米の胴割れ回避や食味重視の設計がされており、他の穀物に求められる作業スピードは兼ね備えていない。水田作を除いた大規模畑作経営におけるニーズを満たしていない状況である。モバイルドライヤーの歴史は古く、イタリアでは50年以上の製造実績を持つ会社もある。効率的な作業を求める大規模経営では海外農機具の導入が一般化しており、モバイルドライヤーもその一つとなり得るだろう。

国産乾燥機はその乾燥スピードから1日1回転が基本だが、モバイルドライヤーは最大1日3回転の稼働も可能である。つまり、国産乾燥機3台分の導入効果が得られることになる。北海道で導入が進んでいる大型の25tタイプでは1日最大75tの処理量となることから、一般的な70石乾燥機を10台導入したのと同じ作業能力といえる。屋外に設置するため天候に左右されるが、雨天は刈り取りができないため問題にならない。

2024年からMecmar社製モバイルドライヤーはエム・エス・ケー農業機械㈱が取り扱うことになった。購入や詳細の問い合わせは同社まで。

国産乾燥機

第1章 栽培 06

乾燥機の操作方法と水分測定

子実トウモロコシ栽培を開始した当初から現在まで、米麦用乾燥機を用いて火力乾燥を行ってきた。一部の遠赤乾燥機を除いて特に支障なく乾燥作業を行うことができるが、水分計が対応していないことで生まれる問題もある。手動による調整が必要なことや、粉塵による昇降機のスリップはその一例である。ここでは、乾燥機の設定方法と注意点、各メーカーから発売されている対応機種について紹介する（**写真1**）。

■設定方法

子実トウモロコシは乾燥温度によって劣化しにくい穀物であるため、使用機種のバーナーは最も高温になるよう設定してもらいたい。一般的な乾燥機では麦モードに該当するので、麦モードで乾燥スピードを最大に設定する。自動水分計は大豆汎用タイプの一部機種を除き、バーナーがエラーで停止してしまう。その場合は手動モードあるいはタイマー運転に切り替え、水分計が作動しないようにする。タイマーの設定時間は刈り取り水分から算出する。最初の1時間は穀温が上がらず、乾燥が進まないので計算に含めない。0.5～0.8％/時の乾減率を基に計算する。子実トウモロコシ専用モードがある機種は、取扱説明書を参考に設定すればよい。その場合もゆっくり乾燥する必要はないので、高温で速やかに乾燥する設定に変更して構わない。

■運用の注意点

小麦などの最大張り込み量が満量より下に設定されている機種は、子実トウモロコシもそれに従う必要がある。子実トウモロコシは米よりも比重が重いため、乾燥機の破損につながるからだ。

収穫時の状態によっては子実が砕けて粉塵となり、乾燥機内で詰まることが懸念される。詰まった状態で使用していると、乾燥効率が悪くなるばかりでなく、引火の危険性もあるので注意してもらいたい（**写真2**）。

■子実トウモロコシ対応機種

現在、国内ほぼ全てのメーカーから子実トウモロコシ対応の機種が販売されている。既存の機種にオプションを取り付ける場合と、新機種のみの対応に分かれるので、販売店に確認してもらいたい。対応機種の大きな違いは、水分の自動計測である。他の穀物と同じように設定した水分になると自動停止するた

写真1　子実トウモロコシ対応乾燥機。左が山本製作所、右が金子農機

写真2 乾燥機内部の状況。粉塵で乾燥機内が詰まった状態で使用していると、乾燥効率が悪くなるばかりか、引火する危険もあるので注意が必要

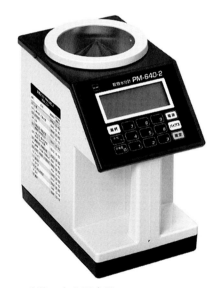

写真3 手動の水分測定器

め、手動での測定（**写真3**）の手間と、過乾燥による無駄なコストを削減することができる。その他にも昇降機のベルトスリップを防ぐためのクリーニング機能や、拡散板の停止機能なども設定されている。どの機種も他の穀物との汎用利用ができるので、新規で購入する際は子実トウモロコシ対応機種を導入することが望ましい。

■今後の展開

畑作物の栽培が拡大する中で、小麦や子実トウモロコシは大量の原料を速やかに乾燥することが求められている。各メーカーも乾燥スピードを上げるため、バーナーやファンの大型化や熱効率の向上、循環速度の見直しなど検討を重ねている。加えてさまざまな穀物を汎用的に乾燥するため、掃除時間の短縮と手軽さも重視しなくてはならない。

今後改良が進み、労働時間の短縮やコスト低減に向けた取り組みが加速することを期待したい。

第1章 栽培 07 調整方法

　国内メーカーの汎用コンバインや海外製普通型コンバインでも、調整が不十分な場合、収穫時の子実トウモロコシにコブ（芯）や茎などの夾雑物が混入する。これらは乾燥作業の妨げとなるばかりでなく、カビ毒の発生の原因にもなるため、乾燥前や乾燥後に取り除く必要がある。ここでは粗選別機の調整方法や水分測定の注意点を解説する。

■選別方法

　まずはコンバインの調整で夾雑物混入を防ぐのが最優先だが、圃場や気象条件などによって調整が困難な場合、粗選別機を使って選別を行う（**写真1**）。

　夾雑物の混入程度が甚大な場合は、乾燥機内で循環の妨げになるため、乾燥前と後の2回以上の選別を行うのが望ましい。軽度な混入であれば、乾燥後だけで十分な効果が得られる。乾燥前の選別では流れも悪く、ごみも水分があって選別精度が劣るので、基本は乾燥後の選別となる。混入の程度を判断するには、コンバインから排出する時に、トラックの荷台の端に夾雑物が偏るような状況であれば、乾燥前の選別を実施すると判断した方が良いだろう。

　粗選別機の基本的構造は風力あるいは吸引による選別と網によるサイズ分けから成る。網は2段階で原料よりも小さいごみと大きいごみにより分けられる機種が一般的である。

　風力による選別は子実トウモロコシより軽いごみが飛ばされる（吸引する）ように調整する。子実トウモロコシは重いため、ほとんどの機種で最大風量にしても、飛ばされることはない。

　網による選別は、下網6～8mm、上網13～15mmを使用すると原料が上下の網の中に残る。なお、作物が変わる場合は事前の清掃が重要なのは言うまでもない。

■水分の計測

　北海道子実コーン組合をはじめ多くの集荷業者が求める水分値は13%以下である。この値であれば常温保管で変質しにくい水分であり、輸入品よりも若干厳しい基準だが、カビによる劣化を防ぐためにとても重要なポイントになる（**写真2**）。

　水分測定は穀温を外気温と同程度まで下げてから計測すること。温かいまま計測すると水分が低めに表示されるからだ。一般的にJAや生産者に多く普及しているケツト水分計を基準にしているが、PM830-2、640-2には子実トウモロコシの設定がない（**写真3**）。大粒大豆モードで水分14%以下の表示であれば実水分が13%になるので、これを参考に計測していただきたい。

　計測するサンプルの採取方法も重要だ。乾燥機の上部など、全体を代表する平均的なサンプルが採取できる場所から複数回のサンプ

写真1　粗選別機

写真2　高水分によるカビの発生

リングを行うこと。水分13％付近では乾燥スピードが緩慢になるため、急いで停止する必要はない。水分オーバーにならないよう慎重に計測を行っていただきたい。

■その他の注意点

　飼料の場合でも、異物混入は絶対にあってはならない。雑草の種子や大豆などの異品種混入は家畜にとって有害な場合がある。機械の部品や石などの異物混入も厳禁である。特にステンレス製のボルトはマグネットによる除去が難しい。飼料加工機の破損につながり、甚大な被害が生じる可能性もあるので、十分な注意が求められる。

■今後の動き

　現在、国内の子実トウモロコシに対する検査規格などの基準は設けられていないが、飼料安全法に基づき家畜に与える際のカビ毒の基準などが定められており、今後子実トウモロコシにおける検査規格が決められていくことが想定される。また食用や醸造原料としても流通が始まっているので、これらに対しても一定の基準が設けられる可能性がある。詳しくは44ページの品質評価の項を参照いただきたい。

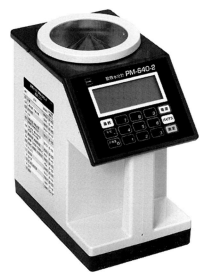

写真3　穀類水分計PM640-2（㈱ケツト科学研究所ホームページより）

第1章 栽培 08

品質評価

諸外国の農産物検査に見る品質基準

　国内生産が始まったばかりの子実トウモロコシには、米、小麦、大豆などのような農産物検査の規定がまだない。しかし、アメリカやカナダ、ヨーロッパ諸国ではトウモロコシの詳細な品質検査が義務付けられている。日本はアメリカを中心に海外から国内需要量1,500万tを輸入しているが、今後国内生産を進めていく上で、実需者の信頼醸成をはじめ、数量払いなど補助金設定を検討するためにも品質に関する情報が必要となる。北海道子実コーン組合は、第一の輸入先であるアメリカの品質検査を参考に、子実トウモロコシの品質情報を蓄積している。その概要を紹介する。

■アメリカの品質基準

　アメリカでは連邦穀物法に則って、農務省農業マーケティング局（Agricultural Marketing Service）傘下の連邦穀物検査局（Federal Grain Inspection Service〈USDA-FGIS〉）が、主要穀物の品質基準や検査方法のハンドブックと詳細な検査教材を作成し、インターネット上に公開している[注1、2]。

　カナダ、オーストラリア、ヨーロッパ諸国、アフリカ諸国などトウモロコシを主要穀物とする国々でもアメリカが定めた品質基準を参考にしている。大半のトウモロコシをアメリカから輸入する日本では食用も飼料用もU.S.等級を指定して商取引することが多い。そのためこれを物差しにすれば品質の理解が早い。

　表1にU.S.等級を示した。容積重、熱損傷、総損傷、破損粒・異物の4要素で1～5

表1　アメリカ産トウモロコシのU.S.等級要件

等級	最小値限界値 容積重 (lb/bu)	容積重 (kg/hℓ)	最大限界値 損傷粒 熱損傷 (%)	損傷粒 総損傷 (%)	BCFM (%)
U.S. No.1	56.0	72.1	0.1	3.0	2.0
U.S. No.2	54.0	69.5	0.2	5.0	3.0
U.S. No.3	52.0	66.9	0.5	7.0	4.0
U.S. No.4	49.0	63.0	1.0	10.0	5.0
U.S. No.5	46.0	59.2	3.0	15.0	7.0

等外（Sample grade）；
a. アメリカの等級1、2、3、4、または5の要件を満たさないもの
b. サンプル重量の0.1％を超える重量の石、2個以上のガラス片、3個以上のクロタラリアの種子（Crotalaria spp.）、2個以上のニンニク科（Ricinus communis L.）の種子、不明な外来物質（または一般的に認識されている有害または毒性物質）の粒子が4個以上、8個以上のガガイモ（Xanthium spp.）または同様の種子が単独または組み合わせて、また1,000g当たりの動物性汚染物質が0.20％を超える場合
c. えぐみ、酸っぱさ、または商業的に問題のある外国の臭いがある場合
d. 熱損傷や明らかに低品質の場合

までクラス分けされ、総合的に等級が判定される。No.5までの要件を満たさないものや、一定の割合の小石、ガラス、動物の汚物が含まれるもの、また指定された有害・有毒植物の種が一定割合含まれる場合は等外となる。目視で識別可能な腐敗臭・異臭があるもの、発酵熱による損傷など明らかに品質が低下したものも等外となる。

■アメリカの検査体制の流れ

　ミシシッピ川流域を例に、輸出までの流れを紹介する。トウモロコシは生産者のサイロからトラックなどで流域各地に点在する穀物商社のリバー・エレベーター（一次集積サイロ、以下RE、例えば東セントルイスのCargill社など）に集められる。その後、1隻で1,500tが積載可能なはしけ（バージ）に積み替えられ、一度に35隻ほどのはしけを連結して押し船で川を下る。最終的に河口に立地する大規

模なエキスポート・エレベーター（輸出用穀物サイロ、以下EE、例えばニューオリンズの全農グレイン社など）に陸揚げされる。EEには指定規格の検査施設の設置が義務付けられており、USDA-FGISの検査員によって格付け輸出証明書が出される。さらに農務省動物植物保健検査局（Animal and Plant Health Inspection Service〈USDA-APHIS〉）による検疫検査・証明書が発行される。生産者の簡易施設やREでの検査はUSDA-FGISあるいは認証を受けた民間検査機関（OCIS）が行っているが、輸出証明はUSDA-FGISの専権事項である[注3]。

アメリカの生産者圃場から日本をはじめとする輸入国の港に至るまで、切れ目なく日々大量の物流が生じている。莫大な物流の中で誤りなく検査を行うため、品質検査におけるサンプルの採取法、検査法が詳細に定められている。50ページに記したカビ毒検査もほぼ同様の体制で実施されている。

■アメリカのサンプル採取

検査サンプルの採取は最も重要なポイントである。集荷受け入れは集荷物から全体を代表するように無作為に採取しなければならない。物量が多いアメリカでは各集荷拠点に搬入されるトラック、貨物列車、はしけごとにサンプリングの回数と量が決められている。また、サンプリングに関わる装置や器具も推奨されている。はしけからのサンプリングは約50tにつき500gである。前出のREは自主検査の位置付けであり、生産者のトラックごとに吸い込み式のオートサンプラーを使い2、3カ所から合計500gを採取している。

輸出証明が必要なEEでは、はしけからかき出される流れの中で、ディバーターによって12.7tごとに一次サンプルが採取され、2〜20tがラインに組み込まれた自動計量器で計測され、縮分装置によって均分を繰り返して検査サンプルが採られている[注4]。

北海道子実コーン組合では、アメリカの例を参照しつつ、各生産者の生産物を代表し、かつ生産者の利便性を考慮して次のようなサンプル量と採取方法を指定している。

■子実コーン組合のサンプリング数量

生産面積10ha（およそ8〜9t）ごとに3kgとする。全収穫物の中からランダムに採る。倒伏や病気がまん延した圃場は別刈りとし、同様に3kg採取する。

■サンプリング方法

通常はフレコンまたは鉄コンテナで6個以上から500gずつ、合計3kgとする。
×表面からすくい採る
○できるだけ中から（充填（じゅうてん）時に軽い物が容器の上部に偏る傾向がある）
◎二重管穀刺しを使用する（5〜10セル）
乾燥機から採取する場合は、乾燥回ごとに採取し、等量を混合して3kgとする。

■品質検査項目と調査法

北海道子実コーン組合はフレコン（ハブ拠点）やハードコンテナ（一次拠点）でも荷受けしているが、保管コスト低減のため500〜1,000tのサイロで通年保管している。

サイロ保管中は混合できない。貯蔵中の安全性を担保するため、マイコトキシン（カビ毒）1ppm以下、水分13%以下を荷受けの必須条件としている。

北海道子実コーン組合の検査手順を図1に示した。3kgのサンプルを作業サンプルとファイルサンプルに均等に分ける。後者は必要に応じて再検査に用いる。トウモロコシは千粒重が小麦の約7倍と大きいため、粒の均質化と縮分が重要である。USDA-FGISの指定機器「Boerner Divider」は高価であるため、サンプルを回転混合、廉価な均分器に変更した。回転数、均分回数による有意差検定を行って均質となる条件を設定している。

作業サンプルは、世界の穀物検査で多用されるFOSS社の赤外線分析機（Infratec NOVA）で水分、タンパク質、でん粉、油分を測定する（FOSS社提供の世界標準検量線を使用）。

同時に容積重モジュールで容積重を測定する。これらの機器はUSDA-FGISの認証を受けている。その後、夾雑物、割れ欠けや損傷粒の割合を求める。

U.S.等級要素の1/3を占めるBCFMは、古くから用いられているU.S.公定ふるい目によるふるい分けで、破損や異物混入の割合を指す。USDA-FGISは高額な「Carter Dockage Tester」を必須機器にしているが、北海道子実コーン組合ではカンザス大学の普及センターにならい(注5)、生産現場でも可能なBCFM評価法を工夫した（図1、250gを2反復）。

品質検査の結果

2021～23年に実施した北海道の検査結果と、輸出を意識したアメリカ穀物協会のレポート(注6)を対比した。各年度とも12の輸出州の定められた地域から収集されたデントコーン系品種とフリントコーン系品種を含むイエローコーンである。サンプル数は21/22は610点、22/23は600点、23/24は611点で、品種構成は不明である。北海道産のサンプル数は21年が134点、22年が192点、23年が253点。各年度の3割はフリント系、残りがデント系である。

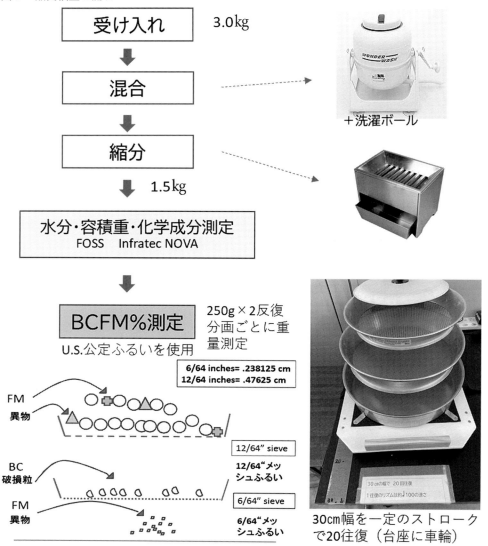

図1　品質検査の流れ

■容積重

　21年から3年間の容積重の推移と年度ごとの分布を示した（**図2**）。道産のフリント系はデント系より各年度で3〜5 lb/bu重かった。品種構成の影響もあり、3年間の平均値はアメリカ産とほぼ同様の値を示した。アメリカ産と比べるとU.S.No.2、3の比率がやや高かった。容積重は穀粒の密度、でん粉などの成分の詰まり具合や水分、粒の大きさに影響されるため、数字が高いほど品質は良い。

■損傷粒率

　ふるい分け調査（**図1**）では熱損傷粒やその他の損傷も視認できる。子実トウモロコシの乾燥には国産の縦型乾燥機を用いる場合が多い。通常運転では熱損傷は起きにくく、水分13％以下で荷受けすることで発酵による熱損傷も起きない。過乾燥や発酵熱による変色粒は見られず、ほぼ全てU.S.No.1 レベルだった。また、現在のところアワノメイガによる食害粒もほとんどない。

■BCFM

　アメリカ産はほぼ全てがU.S. No.1だったのに対し、北海道産はNo.1の比率が低く、より広い分布を示した（**図3**）。

　北海道内は海外製普通コンバインが普及しているが、国産汎用コンバインも多い。汎用コンバイン収穫サンプルの比率は21年47％、22年46％、23年51％だった。コンバインの種類別にBCFM％の等級平均を比較すると、国産汎用コンバイン由来の等級がやや低く、なたねやそばの種子の混入も散見された。コンバインを掃除する、収穫後に粗選別をかける、汎用コンバインの選別精度を上げるなどの対策を行えば、等級はさらに上がる。

　北海道子実コーン組合の上部組織である

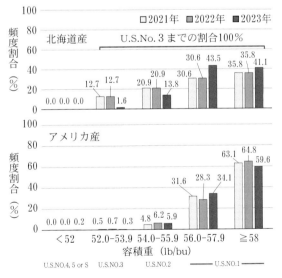

図2　アメリカ産および北海道産トウモロコシの容積重の累年結果

年度ごとの平均値と3年間の平均（lb/bu）

国/地域	2021年	2022年	2023年	3年平均
北海道	57.0	56.6	57.6	57.1
アメリカ	58.3	58.5	58.4	58.4

アメリカ産は2023/2024 Corn Harvest Quality Report/U.S.Grain Councilによる

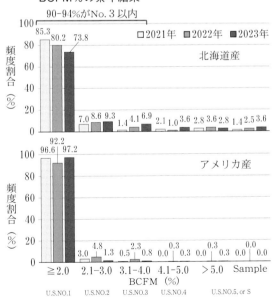

図3　アメリカ産および北海道産トウモロコシのBCFM％の累年結果

年度ごとの平均値と3年間の平均％

国/地域	2021年	2022年	2023年	3年平均
北海道産	1.6	1.5	2.0	1.7
アメリカ産	0.7	0.9	0.5	0.7

日本メイズ生産者協会（JMFA）を通じて機械メーカーに現場情報を伝え、選別精度の改善を要望している。

■水分と化学成分

①水分

北海道産はほとんどが荷受け基準である13％以下だった。14％超えは21年が9％、22年が3.6％、23年が2.4％に過ぎない。アメリカにおける冬季の短期保管では15％以下を、長期貯蔵や輸出向けでは13％以下を推奨している。しかし3年間の平均水分は16.3％で分布幅は大きく、19％を超えるものもある（図4）。

②タンパク質

北海道産はアメリカ産よりも3年平均で1％高かった（図5）。23年は特に高タンパクにシフトした。高温で地力窒素が放出されたこと、先端不稔が生じてシンクサイズが小さかったことが影響したと考えられる。また北海道産の3割を占めるフリント系はデント系よりも3年平均で0.3％高かった。

アメリカの窒素施肥水準は北海道の16kg/10a（注7）と比べて低い可能性があるが、穀物協会のレポートにある収集サンプルにおける地域別の施肥水準、品種構成や割合が不明であり、作柄には年次変動があることから、これを国内産の特徴と結論付けるには今後も継続的な調査が必要である。もし、アメリカ産より北海道産のタンパク質が安定して高ければ飼料原料用としての評価は高まるだろう。

③でん粉および油分

平均3年間のでん粉は、道産が71.5％、アメリカ産が72.0％で大差なかった。油分は各年度に共通して北海道産の頻度分布が3.7％以下と低く傾き、平均値は道産が3.7％、アメリカ産が3.8％と0.1％高かった（図6）。飼料用の場合、この0.1％の油分差は当面は大きな問題にならない。

油分は製粉過程で分離される胚芽から圧搾

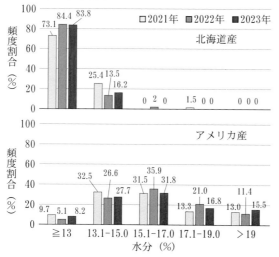

図4 アメリカ産および北海道産トウモロコシの水分の累年結果

年度ごとの平均値と3年間の平均%

国/地域	2021年	2022年	2023年	3年平均
北海道産	12.6	12.1	12.2	12.3
アメリカ産	16.3	16.3	16.3	16.3

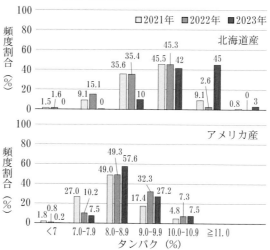

図5 アメリカ産および北海道産トウモロコシのタンパク質の累年結果

各年度ごとの平均値と3年間の平均（％）

国/地域	2021年	2022年	2023年	3年平均
北海道	8.9	8.8	9.8	9.2
アメリカ	8.4	8.8	8.8	8.7

図6 アメリカ産および北海道産トウモロコシの油分の累年結果

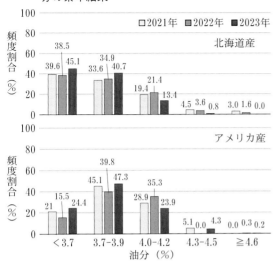

年度ごとの平均値と3年間の平均%

国/地域	2021年	2022年	2023年	3年平均
北海道産	3.7	3.8	3.7	3.7
アメリカ産	3.8	3.9	3.8	3.8

や溶媒によって抽出される。国産の製粉用原料としての用途は限られるので、搾油産業の原料として成立する見込みは薄い。

■北海道産の品質と等級設定

北海道子実コーン組合が集荷する約90％は飼料用である。日本の飼料工場で使用される輸入トウモロコシの等級はU.S.No.3、4が多い。北海道産は容積重、BCFM、損傷粒率を総合すると、わずかな例外を除いてNo.3以上に相当する。

集荷量の大半を占めるデントコーン系品種は飼料工場で圧ぺん加工されており、工場の評価は高い。飼料工場ではさまざまな粒度に粉砕されるから、必ずしもふるい下の比率にこだわることもない。組合の販売会社㈱Maizeも鶏向け単味として粉砕出荷している。

北海道子実コーン組合は集荷量の約1割を食用分類の飲料用、醸造用に販売している。熟練の生産者を指定して、ふるい目の指定、比重選抜などを実需者の要望に沿って対応しているので、今のところ特定の品質基準は必要としない。現状では食用を含めても米、小麦、大豆のような精緻な等級設定は必要なく、水分や簡便な○×区分で流通上の問題はない。

JMFAを通じて収集した約30点の本州産の品質の傾向は北海道産とほぼ同じである。今後北海道産のデータを積み重ねるとともに、全国のサンプル点数が増えれば国産子実トウモロコシの品質の全体像がさらに明らかになるだろう。

【参考資料】

(注1) Grain Inspection Handbook Ⅰ Sampling. USDA-FIGS.
https://www.ams.usda.gov/sites/default/files/media/Book1.pdf

(注2) Grain Inspection Handbook Ⅱ. USDA-FGIS.
https://www.ams.usda.gov/sites/default/files/media/Book2.pdf

(注3) Grain News U.S. Grains Council. US
https://grainsjp.org/cms/wp-content/uploads/May-Grain-News-May-2015-A4.pdf

(注4)「アメリカにおける輸出用トウモロコシのアフラトキシン分析時のサンプリング手法などに関する現地調査」

(注5) Herrman, J. T. and Reed C., Corn Grading Procedures.
https://bookstore.ksre.ksu.edu/pubs/EP96.pdf

(注6) https://grains.org/corn_report/corn-harvest-quality-report-2023-2024/

(注7) 中津ら (2015b) 北農、82, 267-273.

カビ毒の基準と検査

第1章 栽培 09

主要カビ毒「マイコトキシン」と迅速検査

■カビ毒の危険性

カビ毒「マイコトキシン」は特定のカビ（菌）が生産する、人や家畜に有毒な二次代謝物質である。アフラトキシン類（B_1、B_2、G_1、G_2、M_1など、以下、AF）、オクラトキシンA（以下、OTA）、デオキシニバレノール（以下、DON）、ニバレノール（以下、NIV）、T-2トキシン、HT-2トキシン、パッツリン、ゼアラレノン（以下、ZEN）、フモニシン類（B_1、B_2、B_3、以下、FUM）などが知られている。

これらカビ毒を含む食品（加工品）を摂取すると嘔吐、下痢、腹痛などの食中毒のような急性疾患を起こす。また免疫機能の低下、発がんリスクの増加、アレルギー反応など、慢性疾患を起こす可能性もある。家畜の場合、生育不良、乳量や肉の品質低下、卵の生産性低下、繁殖能力の低下や感染症に対する抵抗力の低下を引き起こす。2023年11月、岩手県で基準値を超過したDONを含む小麦が流通し消費者に不安を与えたことは記憶に新しい。

トウモロコシ子実のカビ毒汚染を軽減するには、輸入時検査を厳格に行うだけでなく、国内での防除を含む栽培管理、適切な保管、カビ毒検査が必要である。本稿では北海道産子実トウモロコシの現状を中心に、カビ毒の迅速検査の現状を紹介する。

■国産穀物の主要カビ毒と産生菌

日本で特に注意すべきカビ毒を**表1**に示した。気象条件により優先しやすい菌種が異な

表1 トウモロコシを含む国産穀物の主要カビ毒と産生菌

カビ毒	原因菌	好適条件
アフラトキシン	*Aspergillus flavus* *Aspergillus parasiticus*	暑く、乾燥、干ばつ
デオキシニバレノール	*Fusarium graminearum* (*Gibberella zeae*)	冷涼、湿潤、開花登熟期に高湿
ゼアラレノン	*Fusarium culmorum*	冷涼、湿潤、開花登熟期に高湿
フモニシン	*Fusarium verticillioides*	暖かい〜暑く、開花期以後に乾燥

写真1 雌穂の赤かび（石狩管内）

る。DONとZEN産生菌（**写真1**）は東北以北のような寒冷地、FUM産生菌は東北以南に分布する。

毒性が非常に強いAF産の生菌は主に熱帯や亜熱帯に分布し、国内では九州、沖縄、南西諸島の地域に限られていた。しかし、温暖化とともに神奈川県や静岡県、茨城県、千葉県の土壌でも検出されるようになり、23年には福井県、和歌山県でも産生菌が検出されている。Ugai, et al.（2018）[注1]による飼料用トウモロコシサイレージの全国調査では、実際に中国・四国の3検体のうち1検体が飼料管理基準値を超える22μg/kgを示した。

温暖化によるカビ産生菌の北進と、生産物カビ毒の地域分布の変化が懸念される。

カビ毒の基準値と管理

わが国の子実トウモロコシはほぼ全て輸入に頼っているので（1,488万t、2023年貿易統計）、輸入と国内流通を前提に独自の基準値が定められている。

食用では食品衛生法で、AFB_1に10ppbが設定されている。一定濃度を超えたAFB_1を含む飼料を乳牛、めん羊およびヤギに給与すると、乳中で発がん性を持つAFM_1に代謝される可能性があるため、牛乳中のAFM_1には10ppbの指導基準が設定されている。なおアメリカでは、輸出全ロットの総AFが20ppb以下で、ふるいによるリコンディショニングも1回とするなど、厳格な検査を行っている(注2)。

その他穀類およびその加工品を含む国内食品中のDONは1.0ppmに定められている。また、基準値がない他のカビ毒についても農水省は継続的な監視を行っている(注3)。

一方飼料用では対象畜種、畜齢ごとに指導基準と管理基準値が定められている（表2）。

家畜や人間の健康を保護すると同時に、生産や取引の不必要な中断を避けるためALARA（As Low As Reasonably Achievable）という国際的な原則を適用して、通常の濃度範囲よりもやや高いレベルに設定されている(注4)。

北海道子実コーン組合では飼料原料として高い安全性を確保するため、トウモロコシの配合割合が高く、カビ毒の影響を受けやすい鶏、豚、幼牛の管理基準値を基に集荷基準を設定した。例えばDONは1.0ppmである。

検査体制・手法

トウモロコシを輸出上の戦略作物とするアメリカでは、サンプリング(注5)、検査マニュアル(注6)をインターネット上で公開しており、FDA、USDA-GIPSAによる厳格な流通監視体制を取っている。例えば、生産者のサイロからリバーサイロ、輸出用サイロでサンプルが採取され、併設する検査室で検査される。輸出エレベーターでは、常駐するGIPSA検査員がカビ毒迅速検査キットを用いて検査している。輸出向けトウモロコシではAFの検査が必須である。

表2　飼料のカビ毒基準値

区分	カビ毒名	対象となる飼料	基準mg/kg
指導基準	アフラトキシンB_1	搾乳の用に供する牛、めん羊およびヤギに給与される配合飼料	0.01
管理基準	アフラトキシンB_1	反すう動物（哺乳期のものを除く。牛、めん羊およびヤギにあっては、搾乳の用に供するものを除く）、豚（哺乳期のものを除く）、鶏（幼すうおよびブロイラー前期のものを除く）およびうずらに給与される配合飼料およびトウモロコシ	0.02
		反すう動物（哺乳期のものに限る）、豚（哺乳期のものに限る）および鶏（幼すうおよびブロイラー前期のものに限る）に給与される配合飼料	0.01
	ゼアラレノン	家畜および家禽（かきん）に給与される飼料（配合飼料を除く）	1
		家畜および家禽に給与される配合飼料	0.5
	デオキシニバレノール	反すう動物（哺乳期のものを除く）に給与される飼料（配合飼料を除く）	4
		反すう動物（哺乳期のものを除く）に給与される配合飼料	3
		家畜（反すう動物（哺乳期のものを除く）を除く）および家禽に給与される飼料	1
	フモニシン（$B_1+B_2+B_3$）	家畜および家禽に給与される配合飼料	4

※指導基準：家畜などの健康または畜産物を介した人の健康に著しい悪影響を及ぼすと考えられるため、超過時は製造中止や廃棄命令の対象
※管理基準：ある程度超過したとしても、家畜などの健康または畜産物を介して人の健康に悪影響を及ぼす可能性が低い飼料を対象に設定。製造工程管理による低減効果を確認するための指標。管理基準を超過しても直ちに廃棄対象とはならない

北海道子実コーン組合では全生産者ロットと日本メイズ生産者協会（JMFA）を通じて依頼を受けた全国各地のサンプルを分析している。

■サンプリング

マイコトキシンはトウモロコシ雌穂（しすい）内の穀粒に局在している上、千粒重が小麦の約7倍と大きい。少量のサンプリングによる分析では、粒のばらつきによる測定の変動が大きいことに注意しなければならない。アメリカでは生産者から輸出用エレベーターまでの輸送トラック、貨車などでサンプリング方法と量がガイドラインに記されている。

アメリカのAFに特化した公開情報（注2）、カビ毒ハンドブック（注6）、検査ハンドブック（注5）を参考に、組合では生産者が対応可能なサンプリング方法を指定した。

■分析サンプルの調整

収集したサンプルの検査の流れを**図1**に示した。卓上手回し洗濯機（攪拌（かくはん）ボール入り）で十分に混合、縮分後にアメリカのトウモロコシ用検定ふるいを用いて落下物（FM）、破砕物（B）、異物を除く。迅速測定キットの指定粒度（多くの場合US#20のふるいで95％以上）に粉砕して、分析サンプルとする。

優先分析対象のカビ毒種

対象カビ毒種の選択は、安全性の担保と合理的な費用設定（生産者負担）に関わる。そこで全ロット検査に先立ち、優先すべきカビ毒種を選定した。

飼料用トウモロコシサイレージの全国調査によると、北海道はDONの汚染リスクが最も高い（注1、7）。カビは雌穂に多く着生するので、この傾向は乾物の約50％を占める子実にも反映される。実際に調査したところ、飼料管理基準値がある4種のカビ毒のうちDONの基準値超過のリスクが最も高かった（**表3**）。

そこで、15年から5年間、ホクレンおよびサナテックシード㈱の協力を受け、DONについて事前スクリーニングを行った。子実用には小麦のような殺菌剤の登録がないので、組合はカビ（カビ毒）が出にくい品種を推奨している。しかし15、16年は倒伏圃場で特にDON濃度が高かった。また、倒伏が見られなかった年であっても、地域を問わず基準値を超過する場合があり、20年には1.0ppmを超えるサンプルの出現率、平均濃度が高まった（**表4**）。

北海道子実コーン組合では長沼町、岩見沢市、厚真町に合計8,000tの簡易型サイロ（鉄製のサイロ、グレーンビンをいう、**写真2**）

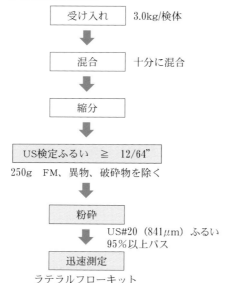

図1　カビ毒検査の流れ

受け入れ　3.0kg/検体
↓
混合　十分に混合
↓
縮分
↓
US検定ふるい　≧12/64"
250g　FM、異物、破砕物を除く
↓
粉砕
US#20（841μm）ふるい95％以上パス
↓
迅速測定
ラテラルフローキット

表3　北海道産子実トウモロコシのカビ毒4種のモニタリング　(mg/kg)

年産	アフラトキシンB₁	デオキシニバレノール	ゼアラレノン	フモニシン
2019	<0.001	0.88	0.039	0.63
2020	<0.001	0.45	0.012	0.06
2021	<0.001	0.08	0.001	0.08
検出限界値	0.001	0.04	0.001	0.002
以上の分析手法：LC-MS/MS				
2022（A）	<0.0027	0.15	<0.05	<0.1
2022（B）	<0.0027	0.15	<0.05	<0.1
検出限界値	0.0027	0.10	0.05	0.1
以上の分析手法：ラテラルフロー TotalTox				
基準値	0.01	1.0	0.05	4

※サンプルは長沼町産、2022年は2サンプル

表4 北海道産子実トウモロコシのデオキシニバレノール（DON）、ニバレノール（NIV）のモニタリング

年	サンプル数	地　域	DON (ppm)				NIV (ppm)		
			平均	最小	最大	検出率%	平均	最小	最大
2015	30	空知	0.56	0.09	1.82*	10.0	<0.04	<0.04	<0.04
2016	21	空知、後志、胆振、上川	0.47	<0.05	3.04*	14.3	<0.04	<0.04	0.17*
2017	32	空知、石狩、後志、胆振	0.47	<0.05	1.21	9.4	<0.04	<0.04	<0.04
2019	23	空知、石狩、後志、胆振、上川	0.46	<0.05	1.81	4.3	<0.04	<0.04	0.05
2020	27	空知、石狩、後志、胆振、上川、渡島、檜山	0.77	<0.05	2.16	16.0	<0.04	<0.04	0.21

＊は倒伏圃場サンプル
※LC-MS/MS法（ホクレン検査分析課）、検出限界：DON 0.05ppm、NIV 0.04ppm
※検出率％：1ppm超えサンプルの検出率

写真2　簡易型サイロ（上）とその内部（下）。中央のくぼみが排出痕（6月撮影）

と、鉄コンテナやフレコン保管を組み合わせてトウモロコシを長期保管し、畜産側の実需量に応じて出荷している。現状では一定割合のDON超過は避けられない。そこで、貯蔵中の安全性を高めるため21年から全（生産者）ロットの集荷前検査を開始した。

■検査法の選択

　カビ毒分析法にはさまざまな手法がある

が(注8)、大別するとHPLC、LC-MS/MSなどの機器分析法と、イノムアッセイによる迅速法が用いられる。機器分析の検出限界値は低いが（DONであれば0.001～0.05ppmの低濃度まで測定可能）、熟練した技術と高価な分析機器が必要な上、依頼分析には高額の分析費用と週単位の期間が必要である。迅速法にはエライザ法、ラテラルフロー法などがある。アメリカの輸出エレベーターなどの現場検査では30分以内に検査可能な迅速キットが採用されている(注2、6)。USDA-GIPSAはカビ毒種ごとに認証キット（検定成績を含めて）をウェブ公開している。

　北海道子実コーン組合では、①有機溶媒を使わないこと（検査室への投資が少ない）②操作ステップが少なく簡便で短時間で測定できること（15分程度）③同一抽出液で対象のカビ毒種を一斉に検定できること④集荷基準判定に十分な感度があることを評価し、ラテラルフローキットを採用した（現在はTotalToxを採用）。

■かび毒の検査状況

　表5に道産子実トウモロコシのDON検査の累年結果を示した。22年は8月上旬の曇天、9月初めの台風通過による折損が見られた。23年は夏季の異常高温、干ばつにより低収だった。いずれの年も約20％が1.0ppmを超えた。同一地域であっても同様の肥培管理をしている生産者圃場間で濃度差が散見された。低減のためには植物病理学的な発生生態

表5 デオキシニバレノール（DON）検査の累年成績

DONの分布	2021年		2022年		2023年	
	頻度	割合%	頻度	割合%	頻度	割合%
0.1ppm以下	58.0	45.7	35.0	27.6	48.0	37.8
0.5ppm以下	27.0	21.3	53.0	41.7	99.0	78.0
1.0ppm以下	18.0	14.2	54.0	42.5	60.0	47.2
1.5ppm以下	8.0	6.3	22.0	17.3	22.0	17.3
2.0ppm以下	5.0	3.9	14.0	11.0	14.0	11.0
2.5ppm以下	7.0	5.5	4.0	3.1	4.0	3.1
3.0ppm以上	4.0	3.1	5.0	3.9	7.0	5.5
検査点数	127		187		254	
平均＊（ppm）	0.6		0.74		0.63	
1ppm超えの割合%		18.9		24.1		18.5

＊検出限界以下を0ppmとして計算した
※TotalToxによる

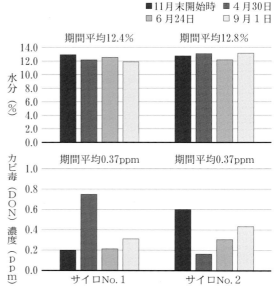

図2 簡易型サイロ保管中の水分とDON濃度の推移

※LC-MS/MS法（ホクレン検査分析課）

の検討が今後必要になる。

　北海道子実コーン組合の平倉庫を含めた貯蔵能力は1万tと数量が多いため、現在のところ基準値を超えた集荷物を低濃度の集荷物で希釈できている。しかし、将来的に1.0ppm以上の集荷量が増えれば、成牛向けなど畜種別の仕向けも必要になる。

■貯蔵中のカビ毒・水分の実態調査

　簡易型サイロは建屋を必要とせず、バラ扱いで入出庫費用を抑えられ、少ない面積で大量保管できるメリットがある。しかし、湿潤で温暖な日本の気候はカビの生育に適した環境であり、条件によっては長期貯蔵中にカビがまん延する可能性がある。そこで19～20年にかけて500tの簡易型サイロ2基で、カビ毒と水分の推移を調査した。

　サイロ内の穀温は、厳冬期に0℃を下回り、7月にかけて徐々に温度が上昇したが、真夏でも30℃を超えた日はサイロ上部で3日間（最高33.6℃）だけだった。サイロ中間部、サイロ下部の最高温度はサイロ1が21.8℃、サイロ2が21.6℃だった。6月以降、サイロ上部で気温に連動して上下したが、トウモロコシは比熱が高いため中間部、下部の温度変化は小さかった。

　季節ごとにサイロ下部の排出口から出荷用サンプルを取り出し、水分とカビ毒を調査した。保管中に子実の外観や臭気に異常は見られなかった。水分は調査期間を通じてサイロ1が12.4%、サイロ2は12.8%で安定していた（図2）。

　またDONの期間平均値は1.0ppm以下、NIVは検出されなかった（検出限界以下）。また貯蔵期間中カビ臭がすることもなかった。

　以上のように水分が13%以下であれば貯蔵の安全性は確保される。しかし、春先は外気温が上昇する一方で穀温は低いため結露リスクが懸念される。定期的な監視が必要である。

今後の課題

　23年は生育期間中の記録的な高温と干ばつにより、収量は平年に比べ1～2割落ち込んだ。温暖化により本州と同様にFUMのような高温を好むカビ毒産生菌が北進する可能性がある。そこで、道内32カ所から集めたサンプルを用いて、カビ毒4種のモニタリングを行った。その結果、DONは平均0.5ppm、基準値1.0ppm超えは3点で、従来と同じ傾向だった（表6）。AFは0.7ppbが1点あった他

表6　2023年北海道産子実トウモロコシのカビ毒4種の検査結果

カビ毒種	アフラトキシン ppb	デオキシニバレノール ppm	フモニシン ppm	ゼアラレノン ppm
平均	0.0	0.5	2.5	0.02
最大	0.8	1.6	9.5	0.04
最小	＜0.0027	＜0.3	＜0.1	＜0.05
基準値	10.0	1.0	4.0	0.5
サンプル数	33	33	33	9

※サンプルは道内全域（士別市から七飯町）から抽出
※平均値は検出限界以下を0として計算した
※TotalToxによる

は検出限界以下。またZENも基準値を大きく下回ったため、当面は全ロット検査の対象にはならない。しかしFUMは、平均で基準値以下だったが、道南で9ppmを超える場合があったので、継続して調査する必要がある。

これまで本州では東北以南を中心に、アワノメイガの食害による著しい収量減と糞中のFUM産生菌の増殖・拡散(注9)による基準値超えが課題だった。しかし23年5月にプレバソン（クロラントラニリプロール水和剤）が子実トウモロコシの空中散布にも適用拡大されたことで、大きく改善されている(注10)。JMFAに加盟している本州の生産団体サンプルのカビ毒検査を行ったところ、23年産（24点）のFUNは基準値以下にほぼ収まっていた。今後温暖化が続けば道南地域でもアワノメイガの防除が必要となる(注11)。

【参考資料】
(注1) Uegaki, R. et al.,(2018) Food Safety, 6(2), 96-100.
(注2) （一社）日本科学飼料協会「米国における輸出用トウモロコシのアフラトキシン分析時のサンプリング手法等に関する現地調査」およびアフラトキシンに関する参考文書
https://kashikyo.lin.gr.jp/
(注3) https://www.maff.go.jp/j/syouan/seisaku/risk_analysis/priority/kabidoku/tyosa/#kaju
(注4) 林ら,(2014) JSM Mycotoxins64.(2), 161-165.
(注5) Grain Inspection Handbook I Sampling. USDA-FIGS.
https://www.ams.usda.gov/sites/default/files/media/Book1.pdf
(注6) Mycotoxin Hand Book
https://www.ams.usda.gov/sites/default/files/media/MycotoxinHB.pdf
(注7) 湊ら,(2015) 日草誌61(2) 97-101.
(注8) Jyoti Singh and Alka Mehta (2020) Food Sci Nutr. 8(5)：2183-2204.
(注9) 中川博之（2022）科学研究費助成事業成果報告書
https://kaken.nii.ac.jp/ja/file/KAKENHI-PROJECT-18K06439/18K06439seika.pdf
(注10) 篠遠善哉ら,(2024) 日作紀（Jpn.J.Crop Sci.）93(1)：67-68.
(注11) 吉田信代（2023）自給飼料利用研究会資料
https://www.naro.go.jp/laboratory/nilgs/kenkyukai/6b5437c5c99f3980e30c0243282b9238.pdf

土の力を引き出す

好評発売中!!

著者　谷 昌幸

「土の力を引き出す」から「土の『基本』に立ち返る」まで5年にわたり、著者が北海道の農地を対象に執筆した「土」に関するニューカントリー誌の連載（計60回）を再編、新項目を加えました。

「土の基本」「土の特性と養分」「土壌の良さを引き出す」の3章立て構成。土を構成する要素や、イオンバランス、pH、窒素など肥料の適切な利用まで平易に解説します。生産現場のエピソードや具体例も盛り込み、多数のカラー写真・図版も掲載。農業の視点から土を理解する手助けになる1冊です。

B5判　オールカラー　140頁
定価1,466円（税込み）　送料134円

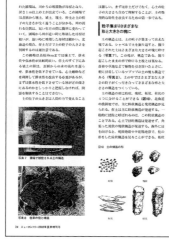

第1章「土の基本」
土の構造や素性、分類など基本知識を詳細に紹介

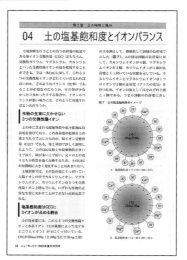

第2章「土の特性と養分」
イオンやpH、元素などを平易に解説

第3章「土壌の良さを引き出す」
土壌診断、堆肥や緑肥の活用、有機農業など、ポイントを押さえて解説

株式会社 **北海道協同組合通信社**
デーリィマン社

☎ 011(209)1003
FAX 011(271)5515

※ホームページからも雑誌・書籍の注文が可能です。https://dairyman-ec.com/

e-mail kanri@dairyman.co.jp

第2章 経営事例

01　生産者の取り組み事例・大規模畑作輪作

02　生産者の取り組み事例・水田地帯

03　生産者の取り組み事例・野菜輪作

04　経済的特徴

コラム　トウモロコシの流通事情

第2章 経営 01

生産者の取り組み事例
大規模畑作輪作

㈱YY.FARM（むかわ町）　山下　裕太さん

ポイント
- 地域で機械利用組合を設立し、収穫作業の受託を行っている。
- 徹底した準備と行動力が重要になる。
- 豊富な残さが土づくりに役立つ。

農場の概要
経営作物：水稲15ha、小麦37ha、子実トウモロコシ23ha、大豆35ha、合計110ha
労 働 力：家族4人、パート1人
保有施設：ハウス1棟、倉庫ハウス1棟、倉庫棟3棟、乾燥場1棟
機　　械：トラクタ8台、コンバイン3台（全て共同利用）

子実トウモロコシ栽培歴　8年
2016年：80aで試験栽培
2017年：2haで本格栽培開始
2024年：23haまで拡大

■子実トウモロコシを導入したきっかけ
- 面積当たりの労働時間の削減効果が大きい。3年輪作のてん菜、そ菜（馬鈴しょ、かぼちゃ）に代わる作物で、アタッチメントを変えながらコンバイン1台で収穫できる作業体系を目指していた。
- 米は5戸で共同作業している他、麦・大豆は2戸でコンバインを所有し、近隣農家の収穫作業も受託する。
- 江別市にあるヤンマーの展示会で紹介しているのを見て、関心を持った。
- 地域の農家数の減少により出てくる土地を遊休農地にしないため。
- 土づくりをしていく上でトウモロコシの残さに魅力を感じたため。昔から馬糞を入れていたが、今は面積が増えたので、牛糞、鶏糞も活用しながら、全圃場に毎年堆肥を入れている。
- 2023年に5戸で厚真・鵡川とうもろこし機械利用組合を設立し、収穫作業の受託も行っている。

■導入によるメリット、効果
- 茎葉や根による生産圃場の土壌の物理性の改善
- 輪作体系の確立
- 面積当たり労働時間が減少し、その分を他に回せる。
- 作業効率がアップする
- 農地利活用の幅が広がる。トウモロコシは連作が可能なので、圃場によっては4年で回すなど、より幅広く輪作体系が組めるようになった。
- 経営面積の拡大。現在も引き受け手がいない農地が出てきており、今後も拡大が続く見通し。子実トウモロコシがなければ、今の面積はこなせなかったと思う。
- 他地域の農業者と情報交換する機会に恵まれている。同世代が多いので、刺激を受けながら続けられている。

■導入に当たって用意した施設・機械類
〈個人〉
- 真空播種機（2戸共同利用）
- 畑作物用乾燥機
- コンバイン（2戸共同利用）

〈機械利用組合〉
- モバイル乾燥機（外置き）4台

大型コンバインの収穫作業

移動式のモバイル乾燥機

２次拠点の貯留ビン

- 貯留ビン、計量器、コンベヤー（北海道子実コーン組合の２次拠点として設置）
- その他トラクタ、ダンプなど必要なものは近隣の農家に借りる。

■栽培で工夫している点

- 適期作業、適期管理など、基本に忠実に行うのが組合の基本方針。そこを逃さないようにすることが大切。
- 以前は自分本位で作業を行った結果、失敗したこともあった。播種をはじめ、カルチや防除など、自分の都合で適期を逃すことがないよう気を付けている。
- 土が湿った状態で作業すると、秋まで悪い影響が続いてしまうため、その時期は土をいじらない。待つのも仕事。土を観察しながら、短期間でも適期に作業ができるよう、トラクタの台数を増やし、機械を付け替えずに作業できる体制を整えた。それによって急な天候の変化や面積の増加にも対応していける。

■今後の課題、目標

- 子実トウモロコシの収穫面積は、員外を含めると22年の100haから23年は135haに拡大。24年は170haを計画している。
- 人材・労働力の確保が課題。仕事に余裕を持たせて作業することで対応する。
- 水田転作の農地整備を行いながら、地域に荒地をつくらない、つくらせないことが重要。農業人口の減少により出てくる農地も余らせないようにしていきたい。
- 後継者の育成。今はワンオペレーションで対応できているが、将来は子どもにも仕事を任せたい。
- 地域の人口減少にどう対応していくかが課題。農村地域の維持についても考えていかなければならない。
- 機械利用組合としては200haを目指しており、そのための作業体系・体制を確立する。

農場の主な作業スケジュール（年間）

１〜２月	堆肥運搬
３月	機械整備
４月	春まき小麦播種、秋まき小麦追肥、水稲育苗
５月	子実トウモロコシ播種、乾田直播、大豆播種、田植え
６月	各作物管理作業
７月	各作物管理作業、秋まき小麦収穫
８月	春まき小麦収穫、レベラ作業、堆肥散布
９月	秋まき小麦播種、稲刈り、圃場整備
10月	稲刈り、子実トウモロコシ収穫、大豆収穫
11月	子実トウモロコシ収穫、大豆収穫
12月	堆肥散布、粗耕起

第2章 経営
02 生産者の取り組み事例
水田地帯

高橋農場（新篠津村）　高橋　一志さん

ポイント

・早期播種に向けて融雪を促進することが重要。
・水稲、小麦、大豆、子実トウモロコシの4品目で理想的な輪作体系がつくれる。
・地域で生産者グループが発足。さらなる面積拡大には収穫機の確保が課題。

農場の概要

経営作物：水稲23.5ha、小麦20ha、大豆10ha、子実トウモロコシ1ha　合計54.5ha
労 働 力：家族4人、季節バイト7人
保有施設：ハウス8棟、倉庫3棟
機　　械：トラクタ5台、コンバイン2台、ドローン散布機

子実トウモロコシ栽培歴　2年

2022年：1haから本格栽培

■子実トウモロコシを導入したきっかけ

　新篠津村は石狩管内有数の水田地帯だが、一戸当たりの経営面積の中で水田が占める割合は約4割。残り6割は転作で、小麦や大豆が大半を占めている。

　地域では田畑輪換によって水稲を含めた輪作に取り組む生産者も多いが、水稲、小麦、大豆の3品目では、長く続けていると小麦と大豆の収量が減る傾向があり、もう1品輪作に組み込める新たな作物はないか、というのが近年の課題になっていた。

　私は子実トウモロコシに早くから着目しており、研修会などにも参加していたが、収益性の低さに加え、収穫作業が大きな課題となっていたため、なかなか踏み出すことができないでいた。

　その後、子実トウモロコシに関する報道が増えるにつれ、地域でも関心を持つ生産者が現れ、相談を受ける中で、子実トウモロコシをつくってみようという仲間が7人集まり、2021年秋に「コーン de 新篠津」を設立。課題だった収穫作業についてもなんとかめどが立ち、22年から作付けをスタートした。

■導入によるメリット、効果

・新篠津では良質な堆肥が手に入りにくいため、子実トウモロコシの豊富な収穫残さが貴重な有機物となる。また根が太く根張りが良いので、土の膨軟化や排水性の改良が期待できる。
・子実トウモロコシを加えることで、これまでの水稲、小麦、大豆の3品から、4品目による理想的な輪作体系がつくれるようになった。実際に子実トウモロコシ後の小麦や大豆は収量が良く、改善効果を実感している。
・作業時間、作業労力が非常に少ない省力作物なので、経営面積を拡大できる。
・当初は収益性の低さが課題だったが、穀物相場の上昇などで品代が上がり、収益面でも魅力が増している。

■導入に当たって用意した施設・機械類

　播種機をはじめ、防除などの管理作業機や収穫後の乾燥機などは、水稲、小麦、大豆に使っている機械と共用できるので全く問題ない。新たに導入したのは、汎用収穫機用のコーンヘッダのみ。「コーン de 新篠津」の

高橋農場の倉庫

生育中の子実トウモロコシ（7月）

コーンヘッダを装着したコンバインでの収穫作業（10月）

メンバーが購入し、グループ内の収穫作業を委託している。

汎用コンバインでも収穫は可能だが、ロスなくスムーズに収穫作業を進めるにはコーンヘッダが必要だと思う。

■栽培で工夫している点

播種する時期が4月下旬のため、積雪が1.5〜2mにもなる新篠津では、いかに早く雪を溶かし、畑を乾かして地温を上げるかがポイントになる。

そのため融雪剤を散布する回数と量を多くしている。

■今後の課題、目標

24年4月現在、入れ替わりはあるが「コーン de 新篠津」のメンバーは14戸に増え、そのうち24年度に栽培に取り組むのは8戸、栽培面積は約9ha。

新篠津村でも注目を集めている作物だけに、今後も栽培戸数・面積ともに増やし、輪作の新たな品目として、子実トウモロコシを当たり前に栽培している地域にしていきたい。

ただ、現在も課題になっているのが収穫作業機の確保で、1台体制ではこれ以上の面積拡大は難しい。面積を拡大するには、新たにコーンヘッダとそれを装着できるコンバインが必要になる。私も汎用コンバインは所有しているが、古いタイプのためコーンヘッダが装着できない。収穫機の更新に合わせて地域で検討する必要があるものの、近年は機械の値上がりが著しく、導入する上で大きな障壁となっている。

また、水田活用の直接支払い交付金のルール厳格化に伴い、水稲、小麦、大豆、子実トウモロコシの輪作体系も見直しを迫られている。5年に1度の水張りを確保するためには短期間で畑を回す必要があり、子実トウモロコシの面積を制限するケースも出てくる。そこも地域で栽培を拡大していく上では課題の一つと考えている。

農場の主な作業スケジュール（年間）

3月上旬	融雪剤散布
4月下旬	子実トウモロコシ播種
5月中旬	大豆播種
5月下旬	田植え
7月下旬	秋まき小麦収穫
9月中旬	秋まき小麦播種
9月下旬	稲刈り、大豆収穫
10月上旬	子実トウモロコシ収穫

第2章 経営 03

生産者の取り組み事例
野菜輪作

市川農場（当別町） 市川 智大さん

ポイント

- 栽培マニュアルを熟読して理解し、マニュアル通りに作業を行う。
- 天候、生育状況を見ながら作業を的確なタイミングで行う。
- 収穫時期が晩秋となるため、作業がスムーズにいくよう、圃場の排水性を高めておく。

農場の概要

経営作物：秋まき小麦19.4ha、春まき小麦5.5ha、子実トウモロコシ7.2ha、ブロッコリー6.8ha、アスパラガス2.8ha、かぼちゃ1.2ha、その他園芸作物・花き0.2ha、合計43.2ha

労 働 力：家族3人、従業員（パートアルバイト）14人

保有施設：倉庫5棟

機　　械：トラクタ7台、コンバイン、穀物乾燥機、乗用管理機（防除機）、野菜移植機

子実トウモロコシ栽培歴　7年

2017年：30aで試験栽培
2018年：1.7haで本格栽培開始

■子実トウモロコシを導入したきっかけ

- 単純に面白そうだと思ったのと、直感的にこれから有望な作物だと感じたから。アメリカでつくる作物だと勝手に思っていたので、近所の試験栽培圃場で行われた収穫作業を見た時はとても驚いた。
- 当該地域では連作が原因と思われる病害の発生により小麦の収穫量が減少傾向にあったことから、適正な輪作体系の構築に有効であり、経営上のリスク分散につながると考えた。
- 新しく登場した作物の栽培技術を早い段階で身に付けることで、将来的に経営上プラスに働くと予想し実行に移した。

■導入によるメリット、効果

- 収益の柱である園芸作物（アスパラガス、ブロッコリーなど）は作業工数が大きいため、省力的な作物である子実トウモロコシと組み合わせることで、作業時期と人員配置の分散を図ることができる。
- 収穫量が比較的安定しているので、経営の安定につながる「守り」の作物に位置付けている。その他、園芸作物（アスパラガス、ブロッコリー）を「攻め」、小麦を「攻めと守りの両方（中盤）」と位置付け、経営上の各作物の役割を明確にしている。
- 驚くほど省力的な作物なので、事前にしっかりとした作業計画を立てておけば、準備を含め余裕をもって作業を進めることができる。経営全体で考えると、肉体疲労や精神的ストレスの軽減、事故防止の観点において導入効果は非常に高い。

■導入に当たって用意した施設・機械類

- 真空播種機

■栽培で工夫している点

- 播種深度が重要との指導を踏まえ、真空播種機のセッティングに時間をかけている。播種作業を開始する時に播種深度を必ず確かめる他、圃場条件に合わせて微調整しながら作業を進めている。播種時に乾燥状態のときや播種後に干ばつ傾向が予想される

播種作業（5月）

収穫後のすき込み作業（10月）

生育中の子実トウモロコシ（6月下旬）

場合は、思い切って深めの設定にしている。
- 収穫期は晩秋のため、圃場条件の悪化を想定しておく。機械作業に遅れが生じることがないよう圃場の排水性を高めておくことが重要であると考えている。サブソイラをできる限り細かい間隔で、速度を遅くして作業をしている。
- 省力化を図りたい作物なので、省ける作業はないか、常に考えている。土壌条件によって変わるが、播種前の耕起整地作業は可能な限り簡略化して時間と燃料の削減を図る。
- 海外製の真空播種機の播種精度の高さを生かすため、土塊のゴロゴロ状態がどの程度まで許容範囲なのか試している。播種深度を深めに設定することで、発芽不良は起きていない。

■今後の課題、目標

全体の作業時間に占める収穫時の運搬、乾燥、出荷作業にかかる時間の割合が高い。乾燥設備の処理能力によって収穫作業の進み具合が左右されてしまう。天候が良く、好条件下での収穫作業を滞りなく進めていくためには乾燥、貯蔵設備の増強が望ましい。

現状、子実トウモロコシは水田転作での栽培でなければ経営が成立しないため、水張りルール見直し後の対応策が見いだせない状態である。需要がある作物なので、今後の政策的な動きに期待している。

目標は①とにかくつくり続ける②10a当たり1tをキープする③受託している播種、収穫作業の精度を上げ、事故なく行う。

農場の主な作業スケジュール（年間）

3月上旬	融雪剤撒布
4月中〜下旬	心土破砕、耕起
5月上旬	施肥、砕土整地、播種
5月下旬	除草剤散布、追肥
6月中旬	除草剤散布（雑草発生状況による）
10月上〜中旬	収穫、乾燥、出荷準備、残さすき込み
10月下旬	出荷

第2章 経営 04

経済的特徴

国産濃厚飼料としての重要性

　北海道の水田作地帯では、米の需要量の減少により、水稲の作付面積が縮小している。それと同時に、農家の減少に伴う規模拡大も進んでいる。水田転作では農地に水を供給する関係で水稲の作付け田が固定化され、同様に転作農地では主に秋まき小麦や大豆が作付けされる。小麦と大豆は在圃期間が重複することから、交互作ができない。同一品目を連作する生産者は、連作障害による単収の低下に悩まされている。このような背景から、水田作経営では小麦、大豆に続く「第三の輪作作物」を導入することで、輪作の制約を緩めようという対策が取られている。水田での畑輪作を確立し、規模の拡大を進める動きが広範囲で見られ、子実トウモロコシ導入の大きな要因となっている。

　翻って酪農を見ると、わが国の飲用乳は国産率が100％である。しかし、最も重要な生産資材である飼料に関しては、2020年のTDNベースで自給率は31.9％（農水省調べ）である。乳牛に供給するカロリーの3分の2は輸入に頼っていることになる。同年の純国内産飼料の自給割合に目を向けると、粗飼料76％に対し、濃厚飼料は12％である。自給の鍵は濃厚飼料にかかっていると言ってよい。言い換えれば、海外の気象的、政治的、経済的な状況変化は全て、わが国の飼料供給に直結する。

　ロシアによるウクライナへの侵攻は24年5月現在も続いており、予断を許さない状況である。両国は世界的にも穀物の大輸出国であり、穀物市場への影響は計り知れない。国際的に流通される穀物としては小麦が有名であろう。ロシアの生産量は世界3位（21年アメリカ農務省調べ。以下同じ）、ウクライナは6位であり、両国合わせて15％弱のシェアである。輸出となると、両国のシェアは30％まで上昇する。

　トウモロコシは、わが国において最も利用される濃厚飼料である。輸入量も年間1,500万tを超え、国内における米生産量のおよそ2倍に匹敵する。輸入されたトウモロコシの3分の2は飼料用として流通し、配合飼料原料の5割弱を占める。トウモロコシの輸入価格は22年以降、一段と高くなり、畜産経営の収益性を低下させる大きな要因の一つとなっている。

　国内では、濃厚飼料の自給に向けた動きに興味が集まっている。本稿では、北海道の水田作地帯における子実トウモロコシの経済性について、労働時間と生産コストの側面から説明する。

道内における栽培状況

　現在、道内の子実トウモロコシ栽培は、長沼町、岩見沢市（旧北村、旧栗沢町）、当別町、江別市、むかわ町、蘭越町といった道央・道南地帯で多く見られる。これらは水田の転作率が高い地域であり、転作作物の選択に苦慮する共通の課題があったものと考えられる。

　耕種農家が子実トウモロコシに取り組むには、収益性が一番の問題となる。生産体系から考えると、収穫、乾燥、貯蔵の各工程で検討すべきポイントがある。

　収穫には、トウモロコシを収穫する時に脱穀できるコンバインと、雌穂のみを外すコン

バイン装着用の専用ヘッドが必要となる。これらへの投資は小さいものではない。継続して子実トウモロコシを生産する見通しがない限り、投資に踏み切るのは困難だろう。

また、水田作農家にある穀物乾燥機の容量はトウモロコシの収穫速度に追いつくほどではない。作業工程のスピードを規定するボトルネックになってしまう。このためトウモロコシ収穫の作業効率は、乾燥機の能力に大きく依存することになる。他の作物の収穫期と重複しないよう、収穫作業期間の調整には細心の注意を払う必要がある。

収穫した子実を販売するまでの長期間、生産者が自ら貯蔵しなければならない。これらの課題を生産者が全て個人で対応するのは困難であり、今後も近隣生産者との協働が基本となるだろう。

子実トウモロコシの経済性

■調査の概要

実際に、子実トウモロコシの作物としての経済性はどうか。ここでは19〜20年に実施したトウモロコシの生産費調査の結果を示す。対象は北海道子実コーン組合の組合員のうち、作付面積が5ha以上で安定しているA、B、Cの3戸とした。3戸はいずれも道央の水田作地帯の中では転作率の高い空知南部に位置する。経営耕地面積も同地区平均の20haを大きく上回る大規模経営である。地目は9割以上が水田だが、水稲の作付けは経営面積の1割程度と転作が多く、秋まき小麦と大豆が作付けの大半を占めている（**表1**）。圃場での作業委託は行っていない。

これら3戸の対象経営の聞き取り調査により、19年産の子実トウモロコシにかかる10a当たりの労働時間と全算入生産費を算出した。全算入生産費は、自作地の地代や家族の労働といった、実際には支払っていない費用もコストとして計算する。収益が全算入生産費を上回っていれば、自作地地代や家族労働費の切り下げをせずに、経営者の利益が生じている。これは言い換えれば、新規参入者が全ての農地と労働力を外部から調達し、対価を払ったとしても利益が出ることを意味するため、その作物を選択するかを決める一つの判断基準となるものである。

■労働時間

はじめに、子実トウモロコシにかかる労働時間を**表2**に示す。労働時間は10a当たり1.9時間という結果であった。米の10a当たり労働時間（14.9時間）や、小麦（3.7時間）、大

表1　調査対象者の経営面積　(ha)

	A	B	C
水稲	3	6	4
秋まき小麦	17	14	12
大豆	12	14	17
子実トウモロコシ	8	7	5
春まき小麦	−	−	6
てん菜	−	4	−
その他	8	−	11
合　計	48	45	55

表2　子実トウモロコシにかかる労働時間　(時間/10a)

	A	B	C	3戸平均	作　業　分　類
耕起整地	0.2	0.5	0.4	0.4	融雪剤散布、耕起、砕土、整地
施肥・播種	0.1	0.3	0.2	0.2	施肥播種
追肥・中耕	0.1	0.1	0.0	0.1	機械による追肥・中耕
除　草	0.0	0.1	0.0	0.1	除草剤散布
防　除	0.0	0.0	0.0	0.0	農薬散布
収　穫	0.2	0.3	0.3	0.3	収穫、運搬
乾　燥	0.2	0.0	0.2	0.1	乾燥
生産管理	0.5	0.5	0.4	0.5	集会出席、技術習得、記帳
間接労働	0.3	0.5	0.1	0.3	農機具修繕、資材調達
合　計	1.7	2.4	1.7	1.9	

豆（6.5時間）に比べると少なく、省力性の高い作物であるといえる。これは子実トウモロコシの作業体系に由来する特徴である。子実トウモロコシは、播種が終わってから収穫までの作業は追肥と防除それぞれ1回のみである。水管理や複数回の防除、除草を行う手間がかからない。このことによって労働時間が大きく削減されている。

また労働時間1.9時間のうち、圃場内での作業時間は1.1時間で、圃場外作業の割合が0.8時間と約4割を占めていた。圃場外作業には、講習会や総会への出席などの生産管理労働や、農機具の修繕、資材の調達といった間接労働がある。今回、圃場外作業が4割を占めたのは、子実トウモロコシの生産技術に関する講習会の機会が多く、それが生産管理労働時間の増加につながったと考えられる。新規作物を導入して間もない場合は、特に圃場外作業時間が多くなる傾向があり、考慮に入れたい。今後子実トウモロコシの栽培体系が確立していけば、圃場外での労働は減少し、労働時間がさらに削減されると思われる。

■生産費

次に、子実トウモロコシにかかる生産費を表3と表4に示す。生産にかかった材料や、機械や施設といった固定資産にかかる費用を集計し、物財費を算出した。収益が物財費を上回っていれば、その作物では雇用労働と農地の借り入れがなければひとまず農業所得が発生していることになる。

表3の通り、子実トウモロコシの物財費は10a当たり4.8万円という結果であった。比率の高い費目は農機具費の1.4万円で、全体の3割弱を占めていた。子実トウモロコシの収穫機は高価でありながら、利用面積が少ないと機械にかかる費用も上がってしまうのが導入の大きなネックであるといわれてきた。今回の調査では、大豆で使う真空播種機を利用する、あるいは専用ヘッダだけ購入して汎用コンバインで収穫するなど、機械を汎用利用

表3　栽培にかかった物財費　　　　　　　（円/10a）

	A	B	C	3戸平均
種苗費	5,080	5,388	5,260	5,243
肥料費	9,818	5,610	10,248	8,559
農業薬剤費	2,903	4,465	2,467	3,278
光熱動力費	3,273	3,694	3,118	3,362
その他の諸材料費	0	0	0	0
土地改良水利費	3,741	3,518	5,796	4,352
賃借料および料金	0	0	4,942	1,647
物件税および公課諸負担	2,251	1,416	1,722	1,796
建物費	2,075	973	3,816	2,288
自動車費	5,861	3,765	936	3,521
農機具費	18,799	14,534	8,223	13,852
生産管理費	596	511	228	445
物財費　計	54,395	43,873	46,757	48,342

表4　全算入生産費　　　　　　　（円/10a）

	A	B	C	3戸平均
物財費　計	54,395	43,873	46,757	48,342
うち労働費	2,522	3,570	2,477	2,856
費用合計	56,916	47,443	49,234	51,198
副産物価額	0	0	0	0
資本利子	3,477	2,667	2,889	3,011
地代	11,200	11,100	11,100	11,133
全算入生産費	71,593	61,210	63,223	65,342
kg当たり生産費	135	136	105	125
単収（kg/10a）	532	450	600	527
作付面積（a）	830	733	504	689

表5　A農場の作業機と用途一覧（関係分のみ）

		子実トウモロコシ	水稲	小麦	大豆
耕起・整地		○	○	○	○
播種	真空播種機	○		○	○
施肥	ブロードキャスタ	○	○	○	○
追肥	専用カルチ	○			
防除	ブームスプレーヤ	○	○	○	○
収穫	汎用コンバイン	○		○	○
乾燥	遠赤乾燥機	○	○	○	○
作付面積（ha）		8.3	3.3	16.6	12.3

している経営も見られた（**表5**）。このように利用面積を大きくすることで、機械の費用を低減させるケースもある。これら物財費をベースに全算入生産費を算出したところ、6.5万円/10aという結果になった（**表4**）。

■経済的に必要となる収量

子実トウモロコシ栽培が経済的に成立するには、どの程度の収量が必要になるだろうか。ここでは「労働時間に見合った賃金が得られた上で、利益が発生する」状況を、経済的に成立する条件として設定する。これは前述の通り、収益が全算入生産費を超えることを意味する。子実トウモロコシの収益は、トウモロコシの品代収入と交付金で構成される。交付金は21年現在で4.5万円/10a（水田活用の直接支払い交付金3.5万円＋水田農業高収益化推進助成1万円）であり、現在もその水準は変わらない。

以上から、子実トウモロコシの収量と収益、全算入生産費との関係を**図1**に示した。ここでは、生産者の手取りの品代を30円/kgとしている。これを見ると、収益が全算入生産費を上回るための収量はおよそ700kg/10aであることが分かる。

この地域における子実トウモロコシの平均収量は900kg/10aであり、交付金が見込まれるのであれば、労働時間に見合う以上の利益を得ることができるといえる。ただし、目標収量700kg/10aを割り込む年もあり、まだ年次間での変動は大きい。今後はさらなる収量の安定化が重要となる。

子実トウモロコシの10a当たり所得は他の作物よりは高くないものの、労働時間はそれ以上に少ない。つまり、労働時間当たりの所得は他の作物より高く、水田地帯において小麦と同等か、それ以上の労働生産性が期待できる。今後、地域の中核となるような生産者に農地が集中した際、省力的かつ働いた分の利益は得られる作物として導入される可能性は高いだろう。

さらに、子実トウモロコシは水田における輪作の構成作物としても期待されている。土壌物理性の改善効果やそれが後作の収益性に与える影響も少なくないと考えられる。所得の改善効果を正確に評価するには、子実トウモロコシの後作まで含めた効果を検証することが必要になるだろう。

国内生産の強み

国産の作物は、海外産よりもコストが高くなることが一般的に指摘される。では、国内生産の強みはどこにあるだろうか。子実トウモロコシ生産費調査の対象経営であったAが、22年に生産費がどのように変化したかを**表6**に示した。この間は農業資材の価格上昇が大きく、農水省「農業物価統計」を見ると、肥料が132％、光熱動力が118％、種苗が107％、農業薬剤が105％となっていた。一方で、Aの経営では光熱動力費や肥料費の増加は大きいものの、全算入生産費では112％と1割程度の増加にとどまっていた。同統計では、トウモロコシの価格の変化は169％であ

図1 収量と収益、全算入生産費との関係

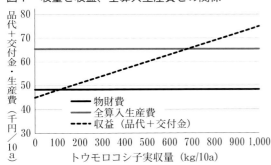

表6 生産費の変化

	2019年産	2022年産	変化率
種苗費	5,080	5,837	115%
肥料費	9,818	14,258	145%
農業薬剤費	2,903	2,360	81%
光熱動力費	3,273	5,474	167%
その他費用	35,844	36,095	101%
全算入生産費	56,916	64,024	112%

り、畜産経営の聞き取りでも、輸入配合飼料（トウモロコシが約50％含まれる）の単価はこの期間に1.7倍から２倍に跳ね上がったといわれていた。つまり、国内生産の強みは価格の安定にあると言うことができる。別の調査において、畜産経営者は耕種経営に比べ、子実トウモロコシ購入時に価格の安定を重視している傾向が見られた（**図２**）。価格が国際的理由によって左右されづらいことは、今後、子実トウモロコシの販売を進めて行く上で大きな強みとなるだろう。

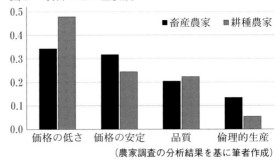

図２　項目ごとの重要度

（農家調査の分析結果を基に筆者作成）

経済的な特徴と導入の意義

前述の調査対象経営は、小麦、大豆、子実トウモロコシの３品で輪作を実施していきたいと考えていた。労働力が限られた中で経営耕地面積が拡大すると、必然的に少ない労働時間で利益を確保できる作物の導入が優先されることになる。子実トウモロコシの経済的な特徴としては、以下の３点が挙げられる。

１点目は省力性である。10a当たり労働時間は、水田作地帯における作物の中では極めて低く、秋まき小麦よりも低い。労働時間のうち半分は圃場内での作業時間であり、圃場外の技術講習などの時間も多い。これは新規作物の導入当初にはよく見られることで、慣れるにつれて圃場外の作業は減少するだろう。

２点目は水田に作付ける作物の中でも生産コストが低いことである。全算入生産費は6.5万円/10aと水稲の半分程度であり、粗放的な生産に適した作物である。ただし今回の調査はいずれも大規模経営で、既存の水田作機械装備を用いれば、ある程度作業が可能だった。機械や施設のコストがそれほど発生していないことに留意する必要がある。

子実トウモロコシ専用機を個人が所有する場合、かなり大規模に作付けしなければ、費用は低減しないと予想される。機械は複数の経営での共同利用、または同一経営で複数作物の汎用利用が基本となる。24年度に実施した別経営の生産費調査で、作業機械や施設投資を絞った結果、前述の調査対象経営よりも労働時間は多くかかるが、生産費は低くなった例も見られた。このことから、個別の機械施設投資をいかに抑えるかが決定的に重要である。

３点目は経済的に成立する収量が手に届く水準かどうかである。栽培コストを満たし、家族労働であっても労働に見合った賃金が発生するような利益を得るには、対象経営の場合700kg/10a程度が必要であることが分かった。これは、現行でも十分達成可能な収量の目標になるといえる。特にトウモロコシはＣ４作物（強い日射の下、高温や乾燥に耐えるよう適応した植物）であり、比較的収量の高い作物であることが影響している。

しかし、普及に向けた課題も少なくない。調査事例を含む子実トウモロコシが普及している地域は、大規模な転作作物の導入で汎用機が多く、自前の機械を利用できる例が多かった。例えば、播種に大豆用の真空播種機、収穫に汎用コンバインを利用できれば、新規で取得が必要なのは収穫用のアタッチメントのみであり、結果として新規投資が抑制される。このような条件を満たさない地域では、機械コストの低減のため、集団で機械の共同利用などを講じる必要がある。

また収穫したトウモロコシの貯蔵・加工拠点と流通ルートの確立が急務である。特に現

在の子実トウモロコシの販売先は、中小規模の養鶏・採卵鶏農家であることが多い。生産量が増加した際には、新たな取引先の開拓も視野に入れておく必要がある。

わが国の畜産は、海外からの輸入飼料に長く依存している。今後も石油価格の変動によるフレートの上昇や、他国のトウモロコシ輸入との競合などから、輸入価格への不安要素は少なくない。加えて、トウモロコシの輸出国ではエネルギー作物という飼料用途以外の需要があり、生産量自体も年ごとに大きく変動する。国家として国民の食料の確保は最重要課題であり、食料の安定供給に影響を及ぼすリスクの排除は年々重要度を増しつつある。飼料価格の低減・安定のため、国産濃厚飼料の生産体制の確立は、食料安全保障の面からも急務といえる。その意味からも、今後子実トウモロコシの生産は政策的に重要視されると思われる。現在、子実トウモロコシの作付けに関する支援は、水田活用の直接支払い交付金を利用した「水田」の政策として進められている。今後は「食料安全保障」の政策として、子実トウモロコシの生産や加工、流通に関わる整備を行うとともに、継続的な予算措置で生産者が安心して作付けを進められることが求められる。

農水省の「酪農及び肉用牛生産の近代化を図るための基本方針（酪肉近）」では、酪農・肉用牛の生産基盤強化のための具体策として国産飼料基盤の強化が示され、子実トウモロコシの生産・利用体系の構築推進がうたわれている。また子実トウモロコシは、飼料用だけではなく食用としての利用も可能である。既にコーングリッツやコーンスターチ、コーン茶など食品原料としての利用が行われており、消費者の関心も高い作物であるといえるだろう。

子実トウモロコシの作付けは近年2,000haを超えたものの、いまだ国内のトウモロコシ需要の1％に至っていない。今後の世界情勢や国内の米需要、耕作放棄や大規模化などの動向を考えれば、トウモロコシは水田における省力作物であると同時に、水田は国内の濃厚飼料生産拠点としての役割が期待される。本稿で示した経済性を参考に、自治体や農業関係機関は、生産者の導入支援や産地化への検討を進めていただきたい。

コラム トウモロコシの流通事情

■世界のトウモロコシの産地と貿易

世界では、年間約12億tのトウモロコシが生産されている。このうち約3割をアメリカ、2割を中国が占め、ブラジル、EU、アルゼンチン、ウクライナといった国や地域がそれに続く（**写真1**）。

トウモロコシ生産国のうち、中国は自国の生産量だけでは国内需要を賄えないため輸入している。しかしアメリカ、ブラジル、アルゼンチンといった国は、毎年の豊凶変動にもよるが、輸出余力があるため、日本など海外へ輸出している（**写真2**）。

トウモロコシの貿易量は、年間約2億t。主な輸出国はアメリカ、ブラジル、アルゼンチン、ウクライナで、主な輸入国は中国、メキシコ、日本、韓国などである。

わが国では、年間約1,500万tのトウモロコシを輸入している。一方、国内で生産される子実トウモロコシの数量は約1万tであり、国内需要の大半を輸入に頼っていることになる。

■トウモロコシの用途

輸入されたトウモロコシの用途は、約75％が飼料用に、約20％がコーンスターチ用（トウモロコシからつくられるでん粉で、用途は食品、ビールなどの飲料、段ボール用の糊など）として使用される。残りはコーングリッツ用（トウモロコシを乾燥粉砕したもので、パンや菓子、トルティーヤ、ビールなどに利用）や、醸造用（グレーンウイスキー用）に使用される。

■トウモロコシの輸入

飼料用のトウモロコシは、アメリカやブラジル、アルゼンチンなど輸出国の産地価格と海上運賃による日本港到着価格で比較され、最も競争力のある産地から輸入される。

トウモロコシは子実（脱穀・乾燥されて穀粒のみになった状態）で流通する。輸出国の産地で収穫されたトウモロコシは、輸出国内のカントリーエレベーター（**写真3**）などで集荷・保管され、輸出港まではしけ（**写真4**）や貨車、トラックなどで運ばれる。

輸出港ではパナマックスやスープラマックス、ハンディマックスといった4万2,000tから6万2,000tくらいのトウモロコシを積載する大型本船に積み替えられる。その後、海上

写真1　アメリカのトウモロコシ畑

写真2　アメリカの産地でのトウモロコシの保管

輸送により、最適なルートで日本国内の各港へ輸送される（**写真5**）。

■日本国内への輸入

日本に輸入されたトウモロコシは、港頭サイロで荷役・保管される（**写真6、7**）。その後配合飼料に加工され国内の畜産農家へ出荷されるまで、1カ月〜1カ月半ほどの期間を要する。

輸入されたトウモロコシには関税がかかるが、配合飼料に使用する場合は「良質かつ低

写真3　輸出国のカントリーエレベーター

写真6　日本国内の港での積み下ろし

写真4　はしけによる河川の輸送

写真7　船倉から吸い上げて積み下ろす

写真5　輸出港の全農グレイン輸出エレベーター

廉な飼料を畜産農家等に対し安定供給する」ことにより、畜産業などの育成と国民生活の安定などを図ることを目的として、免税となる。

こうした免税品のトウモロコシは、国の承認を受けた配合飼料工場（承認工場、**写真8**）でのみ製造することができる。港頭サイロで保管されたトウモロコシは、主に港の近くにある承認工場に運ばれ、配合飼料の原料として利用される。ただし酪農畜産が盛んな地域では、内陸部の配合飼料工場（**写真9**）にトウモロコシなどの原料を輸送し、配合飼料の製造が行われる場合もある。

農水省によると国内の配合飼料工場は全国で102あるとされている（2022年度）。一般に、配合飼料工場で最も多く使用される原料は、輸入トウモロコシである。国内の配合飼料（混合飼料含む）への各種原料の使用量は、合計年間約2,400万tであり、そのうちトウモロコシが約47％を占めている。配合飼料工場でトウモロコシは家畜の種類などに応じて粉砕や圧ぺん（フレーク状）加工され、他の原料と共に配合されることで「配合飼料」（**写真10**）として製造される。配合飼料は家畜に必要な栄養を含み、酪農畜産生産者へ供給され、家畜に給与されることとなる。

■国産トウモロコシ

日本国内における飼料原料としての子実トウモロコシの生産は近年増加している。変化が著しい世界情勢の中、食料自給率が低い日本では、食料安全保障の観点からも生産基盤拡充の重要性が増している。その中でトウモロコシは栽培に必要な労働時間が短い、圃場への残さすき込みにより土づくりに役立つ、機械の汎用利用がしやすい、などのメリットが多く、国内生産に大きな注目と期待が集まっている。現在のところ国内では北海道の生産量が最も多い。

■配合飼料への使用と課題

国内の配合飼料工場で使用されるトウモロ

写真8　配合飼料工場（港湾エリア）

写真9　配合飼料工場（内陸エリア）

写真10　配合飼料の一例（乳牛用）

コシは主に海外からの輸入トウモロコシが中心で、これは免税品である。一方、国内で生産される国産トウモロコシは免税品ではない。免税品である輸入トウモロコシは、その

目的である「良質かつ低廉な飼料を畜産農家等に対し安定供給する」ことに沿って利用される必要があり、他の用途に使用されるような「横流し」は、法律で禁止されている（関税定率法）。

そのため、輸入・国産のトウモロコシは、同じ「トウモロコシ」ではあるものの、それぞれ区別して取り扱うことが重要なポイントである。このことは国産トウモロコシを飼料工場で利用拡大する際の使用上の課題として、第一に正しく理解する必要がある。配合飼料工場において輸入トウモロコシと共に国産トウモロコシを使用するためには、以下の2つの方法がある。

①分別管理

まずは国産トウモロコシと輸入トウモロコシを分別管理する手法である。両原料を分別した製造管理を実施し、国産トウモロコシを単独で使用する。例えば、原料受け入れ口や保管用のタンクを別々に設けることにより、物理的な混入を防ぐ仕組みとすることや、粉砕により生じたトウモロコシの粉についても工程内で混入させない工夫などである。正しく分別された工程となっているかどうかについて税関に確認を取りながら、適切に両者を取り扱う必要がある。

②混用使用

もう一つは混用使用の承認を得て、両者を混ぜて使用する手法である。輸入トウモロコシと国産トウモロコシとの混用使用は、税関に申請し、事前に承認を受ければ可能となる。各地域の税関担当部署に対し、輸入・国産の両トウモロコシの原料と製造する配合飼料製品の数量ひも付けに関する申請・報告が求められるため、一定の事務作業が必要となることから、書類整備についても理解を深める必要がある。

■生産者、需要者間での連携

国産トウモロコシ（**写真11**）を生産し、配合飼料原料として使用するには、そこに関わる多くの段階で、関係者間の連携が欠かせない。トウモロコシ生産の段階では、播種から栽培の一定期間を経て、一時期にまとまって収穫され、その後の乾燥保管が行われる。一方で配合飼料工場の受け入れや飼料への加工、配合飼料としての家畜への給与は、継続的に行われる。そのため国産トウモロコシの生産と利用の持続性が確保されるためには、生産、保管、流通、使用の各段階が計画的に行われ、その間における原料の品質確保が重要となる。

■今後の期待

国産トウモロコシは、自給率向上や食料安全保障の観点から注目が集まる一方、国産原料としての位置付けから、それを活用した畜産物の開発の面でも期待されている。国産原料を使用して生産された畜産物に対する消費者の理解・認知を一層高めることや、生産・利用に関わる各事業者が将来にわたって継続的に国産トウモロコシの利活用に取り組めるような施策・支援制度などのさらなる拡充に期待したい。

写真11　国産の子実トウモロコシ

⊕ Trimble®

"自動操舵"
するならこの1台

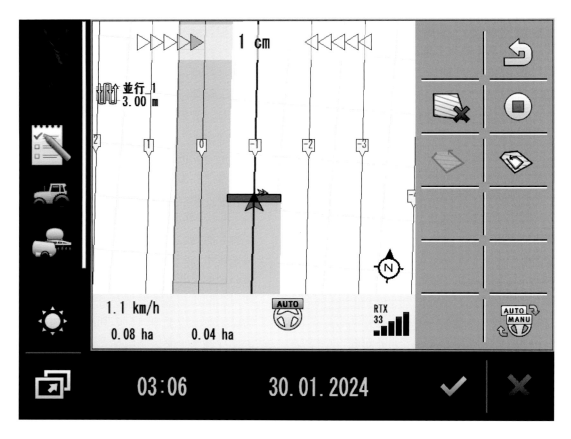

Track-Guide III
2024年7月1日発売
弊社希望小売価格（税込）
1,353,000円

株式会社 **ニコン・トリンブル**
農業システム営業部
東京都大田区南蒲田2-16-2

製品Webページ

YouTubeチャンネル

第3章 各種機械

01 耕起作業機、播種機、収穫機
02 播種機、収穫機
03 播種機、収穫機
04 播種機、コーンヘッダ
05 乾燥機
06 乾燥機
07 検査機器

第3章 機械 01
耕起作業機、播種機、収穫機
ヤンマーアグリジャパン㈱

ディスクティラ、パワーハロー

　子実トウモロコシ生産者が抱える課題に収量増加と作業効率化が挙げられる。これらの課題解決につながるトラクタ作業機3点と普通型コンバイン専用ヘッダを紹介したい。

　トラクタ作業機で勧めたいのは、高効率かつ排水性改善にも効果がある耕起作業機ディスクティラとパワーハロー、そして播種作業の精度を向上させる真空播種機である。

　ディスクティラは6〜12km/時の高速で粗耕起や混和作業を行う作業機であり、時間を要する耕起作業を効率化する。また適度な土塊の大きさに砕土するため、過剰砕土によるクラストの形成を抑えるとともに耕盤層をつくらないことで、排水性を維持した粗耕起に最適な作業機である。

　パワーハローは高速で理想の播種床（保水性と排水性を両立し、鎮圧によって播種深さが安定）をつくる作業機である。パワーハローは縦軸回転により耕盤層をつくらずに、団粒構造を維持した砕土ができ、排水性を維持する。またリヤローラーの鎮圧により、保水性の維持と播種深さが安定する。作業速度も4〜8km/時で行うため、多忙な播種時期に高効率で作業ができる。

	粗耕起	排水対策	播種床づくり	播種	収穫
一般的な体系	ロータリ（2.0km/時）	溝堀機 サブソイラ	ロータリ（2.0km/時）	機械式シーダ（2.0km/時）	リールヘッダ（2.9km/時）
ヤンマー提案体系	ディスクティラ（8.0km/時）		パワーハロー（5.0km/時）	真空播種機（4.0km/時）	コーンヘッダ（4.7km/時）
収量アップ 作業効率アップ[注1]	湿害防止 作業速度4.0倍	湿害防止 −	湿害防止 作業速度2.5倍	播種精度向上 作業速度2.0倍	収穫ロス低減 作業速度1.6倍
参考写真					

希望小売価格（千円・税込み）	70PSトラクタ向け		100PSトラクタ向け	
	ミノスアグリ	クーン	ミノスアグリ	クーン
ディスクティラ	1,837千円（2.0m）DTM16、SC-P	−	2,288千円（3.0m）DTM24、LSC-P	4,906千円（3.0m）OP303、C-P
パワーハロー	1,694千円（2.0m）TDRAM201S、P-P[注2]	2,739千円（2.0m）PHY202、P-P	1,859千円（2.5m）TDRAM251S、P-P[注2]	3,014千円（2.5m）PHY2500、MP-P[注2]
真空播種機	2,827千円（4条）TDBPNM4GS、C-P	−	2,827千円（4条）TDBPNM4GS、C-P	5,577千円（4条）PL3、OL-P

注1）社内試験結果から
注2）真空播種機の肥料ホッパ容量：ミノスアグリ280ℓ/クーン980ℓ
※希望小売価格：2024年4月1日時点

真空播種機

　真空播種機は、空気を吸引する力を生かして高速で正確に播種する作業機である。空気の吸引力で播種板に種を1粒ずつ吸着させるので、振動の多い高速作業（4〜8km/時）でも欠株を防ぎ、設定した株間で1粒ずつ播種できる。適切な株間での播種は生育をそろ

え、収量を最大化することにつながる。またWディスクで溝を切って播種するため、播種深さが安定し、発芽と初期成育がそろい、収量アップに貢献する。価格面で比較的安いミノスアグリ製と高性能なクーン製の2メーカーから選択できる。コストと手間をかけずに収量確保を目指す場合は、導入コストが抑えられるミノスアグリ製を推奨したい。

普通型コンバイン専用ヘッダ

倒伏した子実トウモロコシを起こして刈り取ることが可能（写真は開発試験機）

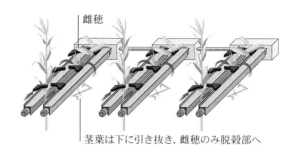

茎葉は下に引き抜き、雌穂のみ脱穀部へ

　普通型コンバイン専用ヘッダには、倒伏時の収穫ロスを低減し、高速収穫作業を実現するコーンヘッダを紹介する。

　コーンヘッダは子実トウモロコシ専用の刈り取り部で、一般的に国産普通型コンバインに標準装着されているリールヘッダと取り替えて装着する。リールヘッダでは起こし切れない倒伏状態でも、コーンヘッダであれば倒伏した子実トウモロコシを起こして刈り取ることが可能だ。

　またリールヘッダが子実トウモロコシの雌穂（しすい）と茎葉部分を一緒に脱穀部へ送り込む方式なのに対し、コーンヘッダは刈り取り部で茎葉部分が取り除かれ（圃場に落とす）、雌穂のみを脱穀部へ送り込む方式である。脱穀部における負荷が減少し、作業速度を上げることができる。同じ条件下で行った試験においては、リールヘッダが0.8m/秒に対し、コーンヘッダは1.3m/秒（約60%の能率向上）という結果であった。

　子実トウモロコシは管理作業の手間が少ないといった特性から、最近では中山間地域の担い手農家においても新規作付けが広まりつつある。したがって、子実トウモロコシに適応する普通型コンバイン本機の車格・重量は重要と言える。当社では69馬力と117馬力の2クラスで子実トウモロコシの収穫体系を構えており、どちらもコーンヘッダの装着が可能で、特に117馬力クラスでは自動操舵（そうだ）機能を装備した仕様（コーンヘッダも自動操舵に適応）もある。

　国内では子実トウモロコシの作付面積が50haを超える生産者が現れ始めた。今後は冒頭に挙げた課題に加えて軽労化、省力化に資する商材が求められると想定する。

　子実トウモロコシをはじめ、引き続き農業生産者や関係者と協働し、現場の課題に対応することで、農業の維持・発展に努めていきたい。

普通型コンバインのスペックと価格

機種			普通型コンバイン	
馬力			69PS	117PS
型式			YH700M	YH1170
仕様			GQ26BU-JP	QWSJG
機体寸法	全長	mm	5,280	6,240
	全幅	mm	2,810	2,840
	全高	mm	2,780	2,760
機体質量（重量）		kg	4,000	5,010
刈り幅		mm	2,590	2,590
希望小売価格		千円・税込み	10,131	18,656

※希望小売価格：2024年4月1日時点

第3章 機械 02 播種機、収穫機
㈱クボタ

バキュームシーダー オプティマシリーズ（クバンランド）

クボタはグループ会社であるクバンランド（ノルウェー）の各種インプルメントを取り扱っている。優れた耐久性や、高精度・高能率作業を実現する多様な機能は世界各地の大規模農家に支持されており、日本でも稲作、畑作、野菜作に取り組む農家に高く評価され、年々ユーザー数は増加している。播種機については、バキュームシーダのオプティマシリーズをはじめとする機種を展開。オプティマシリーズは、トウモロコシ、大豆、てん菜など3mm以上の種子を一定の株間、深さで正確に1粒点播する真空播種機。6～8km/時のスピードで正確な作業を実現し、大規模畑作の時短・効率化に貢献している。

■オプティマ-R（4条）

3m幅の固定フレームに4つのユニットを装備した4条モデル。種子ホッパは30ℓ。標準ユニット（N）の他、てん菜など種子が小さく1.5～2.0cmの深さで浅播種する場合に適したタンデムユニット（T、TS）、簡易耕起圃場に対応したHDユニット（HD）、タンデムユニットで2尺2寸畝間（66cm）に対応したJP仕様（TS-JP）をラインアップ。トウモロコシ、てん菜、なたね、かぼちゃなど3mm以上の種子に合わせた各種播種板を用意している。種子切れや欠株の際にブザーで知らせる「シードモニター」を装備したモデルも好評である。

肥料ホッパは1,000ℓ。エアー搬送のため傾斜地でも安定した供給が可能。側条施肥で種子から約7cmの位置に施肥する。JP仕様は、2列ダブルディスクコールタで播種位置から左右7cmの位置に施肥することも可能。播種のみの場合はフレームに播種ユニットを取り付けるだけで作業ができる。

■オプティマ-V（6条）

条間設定に柔軟に対応する「油圧可変式フレーム」を採用し、高速・高精度播種を高効率に実現する6条モデル。作業幅は3.0～4.5m、条間は手動ピン式（手動クリップ式）で45～80cmまで調整可能。播種ユニットにはタンク容量60ℓ、ヘビーデューティ仕様のHD-II播種ユニットを採用し、簡易耕起の播種床にも対応している。播種位置がデプスホイールの上に位置していることにより播種深度がそろう。播種ユニットは平行リンクにより圃場の凹凸に追従。覆土用の50mmVプレスホイールは、圃場条件に合わせて0～45kgまで3段階の接地圧調整と角度の調整

が可能。ギアの組み替えで施肥量を調節可能な施肥ホッパの容量は1,000ℓ。施肥装置にはエア搬送システムを採用し、条間を変更しても両端の条のユニットまで均一に肥料を搬送できる。肥料ホッパ残量センサー（オプション）も取り付け可能である。本製品はISOBUS対応機。クボタトラクタM7（P/H仕様）のターミナルモニターや、メーカー各社のISOBUS対応GNSSガイダンスモニターなど、トラクタのキャビン内に設置されたISOBUS対応コントロールボックスで操作を行うことができる。ただしM7（P/H仕様）などのISOBUS対応トラクタ以外に装着する場合は、ISOBUS対応コントロールボックスが必要。

オプティマ　主要諸元

型式	条間（cm）	移動幅（m）	条数	ユニット・ホイール	肥料タンク（ℓ）	種子タンク（ℓ）
OPTIMA-R4HDS[1]	35〜80[2]	3	4	HDユニット・50mmVプレスホイール	1,000	30×4
OPTIMA-R4N				標準ユニット・ファームフレックスホイール		
OPTIMA-R4T				タンデムユニット・ファームフレックスホイール		
OPTIMA-R4TS[1]				タンデムユニット・ファームフレックスホイール		
OPTIMA-R4TS-JP[1]				タンデムユニット・ファームフレックスホイール		
OPTIMA-6V	45〜80		6	HD-Ⅱユニット・50mmVプレスホイール		60×6

1）シードモニター標準装備
2）66cm以下の仕様は要相談

普通型コンバインDRH1200＋子実コーンヘッダCHD1200（クボタ）

2024年1月に新発売となった普通型コンバインDRH1200。稲・麦・大豆・そばなどの他、オプションの子実コーンヘッダCHD1200を装着することにより子実トウモロコシの収穫にも対応する"汎用"コンバインである。脱穀部はクボタ独自のミラクルバースレッシャー。径620mm×長さ2,210mmの大径ロングバーロータでゆとりある脱穀空間を実現し、高ボリュームの作物でも作業時に高い脱穀能力を発揮する。また従来機よりこぎ室からの風の抜けを向上させたことでフィーダの吹き返しが減少。作業時にほこりが舞い上がりにくくなっている。

子実トウモロコシ収穫時は、子実コーンヘッダCHD1200を装着する。ヘッダは650〜800mmの条間に対応する3条刈り。雌穂（しすい）のみを脱穀部に投入することで脱穀負荷を軽減。デバイダ上面は対地角度25°で低刈り時に地面の凹凸に追従。ヘッダを折り畳むことでコンバインに装着したまま大型トラックでの運搬も可能である。脱穀部には作物をスムーズに送り、脱穀負荷を軽減する丸天板ライナー、短くピッチが広いこぎ歯で粒の損傷を抑える強化型こぎ歯バーなどの専用部品を換装。粒の損傷を抑え、高能率・高精度な収穫作業を実現する。

またDRH1200はGS機能（直進キープ、らく直キープ）を標準装備しており、稲・麦・大豆・そばの収穫で使用可能（子実トウモロコシの収穫は不可）。収穫の精度アップや長時間に及ぶ作業の疲労軽減に力を発揮する。

子実コーンヘッダ　CHD1200　主要諸元

長さ×幅×高さ〈ヘッダ単体〉　（mm）	2,745×2,160×1,110（デバイダ収納時長さ1,800）
重量〈ヘッダ単体〉　（kg）	677
条間×条数	700mm×3条　650×800mmの条間適応可

※主要諸元・形態は改良のため予告なく変更する場合あり

第3章 機械 03 収穫機、播種機
エム・エス・ケー農業機械㈱

▍大型高性能収穫機

■クラース社製コンバイン
LEXIONシリーズ

　高性能コンバインとして知られるLEXION（レキシオン）シリーズ。特にAPS SYNFLOW WALKERという脱穀システムはクラースコンバインの代名詞でもある。第一段階にあるAPSドラムで作物を加速させながら遠心力で作物を広げ、次にあるメイン脱穀ドラム、最後のセパレータードラムで、一粒も逃さず脱穀できるのが強み。厳しい作業条件下でのパフォーマンスに期待できる。

レキシオンシリーズ（写真：LEXION6800）

■クラース社製コンバイン
TRIONシリーズ

　TRION（トリオン）は前世代レキシオンの後継機種。各仕様はそのまま、新たにジェットストリームクリーニングシステムが搭載され、よりきれいな穀粒が収穫できるようになった。以前より快適性が向上した新キャビンからジェットストリームの操作ができる。
　操作性、快適性は最新レキシオンを引き継いでいる。

トリオンシリーズ（写真：TRION650）

■クラース社製メイズピッカROVIO 4

　子実トウモロコシ、イアコーンサイレージ収穫用フロントアタッチメント。2024年2月に旧型CORIOから新型ROVIO 4にモデルチェンジした。ピッキングユニットによるコーンコブの収穫と水平チョッパで茎の細断を同時作業する。スタブルクラッカ（残茎処理）内蔵モデルが追加された。6条、8条、12条の収穫条数に対応。

ロビオシリーズ4（写真：ROVIO4.8条）

真空播種機

■クーン社製MAXIMA3

高精度の播種機能を誇る真空播種機。4畦、6畦、8畦は機械式播種ユニット・電動式播種ユニット仕様をラインナップしている。M（固定式シングルバー）、TD（テレスコピックダブル）、RT（折り畳みテレスコピック）モデルは畦間70・75・80cmに対応する他、TI（テレスコピックインターリム）モデルは45〜80cmで畦間を短時間のうちに調整できる同社の特許技術VARIMAXを備える。

電動ドライブISOBUS仕様は可変施肥・播種が可能となっており、トラクタキャビン内で播種量を自在に調整することができる。さらにGPSと連動させ畦ごとに播種ユニットを停止させることもできる。

■クーン社製KOSMA

MAXIMA3シリーズよりも軽量設計である点が魅力。中型トラクタで作業可能で、圃場への踏圧を抑えられる他、燃料消費が低減できるメリットがある。4畦、6畦は機械式ユニット・電動式ユニット仕様をラインナップ。電動ドライブISOBUS仕様は可変施肥・播種に対応している。

■トスカーノ社製GBBA・IPTS

新商品のディスクハローGBBAシリーズ、サブソイラIPTシリーズにより、排水対策、表面耕起、残さ処理などに役立つ。

■ノビリ社製トリチュレーター

収穫後の残さおよび残茎を細断処理し、耕起作業を効率的に行うことが可能。

MAXIMA3（写真：MAXIMA3 TD 6 R）

KOSMA（写真：KOSMA）

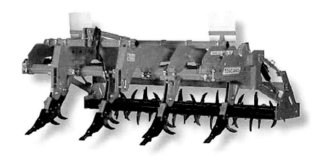

トスカーノ（IPSTシリーズ）

ノビリ（写真：RMシリーズ）

第3章 機械 04
播種機、コーンヘッダ
井関農機㈱

AMAZONE Precea（プレセア）

アマゾーネ社のプレセアは最大15km/時の高速作業が可能な精密播種機である。作業幅は3〜6m、種子ホッパ容量は55ℓまたは70ℓ、種子ホッパは条数に応じ4〜12個装着することが可能だ。また同時施肥用の肥料ホッパはモデルに応じ、950ℓ、1,250ℓ、1,600ℓ、2,200ℓから選択する。ユニット内で回転する播種ディスクが種子を1粒ずつ分けることで、正確な1粒まきを可能にしている。ユニット内のスクレーパーが播種ディスクの目詰まりを防止し、欠株のない安定した播種作業を実現する。

ディスクは種子形状に合わせて10種類以上から最適なものを選択。ディスク交換は工具不要で簡単にできる。コールタ圧調節シリンダーを取り付けることで、圃場の硬さに応じコールタ圧を自動調整し、均一な播種深さを保つことができる。またセクションコントロール機能により、無駄のない播種と施肥作業が実現可能（一部機能はオプション設定が必要）。詳細は2次元コードの動画を参照していただきたい。

アマゾーネのYouTube

SFOGGIA エアプランタ

スフォージア社は1956年に設立されたイタリアの作業機メーカーで、主に真空播種機や野菜移植機を取り扱う。同社の真空播種機は大きく分けて3種類のモデルがある。
①ガンマ：駆動タイヤ位置を本機フレームより後方に配置し、ユニットをシンプルかつコンパクトにした、低馬力対応の機種。
②シグマ5：駆動タイヤ位置を本機フレームより前方に配置した、ミドルクラスモデル。
③エアー2.5、エアー3：本機フレームが油圧テスコピックで伸縮し、畝幅を調整できる。ユニット部分はシグマ5と同等のものを使用している。

種子ホッパ容量は、シグマ5が65ℓ、ガンマプラスが30ℓ、肥料ホッパはシグマ5が900ℓ、ガンマプラスが800ℓとなっている。

薬剤などが散布できるマイクログラニュレーターホッパ（32ℓ）をオプションで搭載することも可能。また肥料付きモデルは肥料散布の精度を高めるためバリエーターが付いており、施肥量を安定させることができる。

子実トウモロコシの他にも、大豆、小豆、えんどう豆、なたね、てん菜などさまざまな種子に対応している。

コーンヘッダ

大型汎用コンバインのアタッチメントとして、子実トウモロコシの収穫に最適なコーンヘッダをラインナップしており、簡単かつ効率的な作業をサポートする。

特徴は、リールヘッダ式に比べて高速での刈り取り作業が可能となったことで、最高作業速1.6m/秒を実現（ただし作業・圃場条件によって異なる）。より効率的な作業が行えるようになった。

また、作業時の操作は基本的に刈り取り部の上下操作だけで簡単に行うことができ、長時間作業の疲労軽減につながっている。

子実トウモロコシの茎葉部分は刈り取り部のローリングカッタで除去され、子実のみを脱穀部へ送るため、ヘッドロスが少なく、精度の高い選別ができる。リールヘッダ式では困難だった倒伏条件下でも収穫が可能になり、天候条件に大きく左右されることなく作業ができる。

第3章 機械 05 乾燥機
㈱山本製作所

山本汎用乾燥機

　国内の子実トウモロコシ対応乾燥機は、弊社が2020年に発売したHD-VAM型が業界初である。開発は北海道を中心とした先進的生産者の協力で実現できた。協力いただいた方々のトライ＆エラーにより得られたノウハウは非常に大きく、感謝の意味を込め、全般的な使用方法について説明する。ただし、子実トウモロコシに正式対応していない機種での使用は自己責任でお願いしたい。

■子実トウモロコシに適する乾燥機

　米麦用の乾燥機でも子実トウモロコシを乾燥することは可能だが、循環経路の隙間が狭いため、トウモロコシの粒が砕けやすい。そのため、乾燥機の断面図で示す部分（**図1**）の寸法が大豆に対応している汎用乾燥機の方が好ましい。ただし、子実トウモロコシに正式対応していない乾燥機の場合、水分センサーに頼ることができないため、基本的にはタイマー運転での乾燥となる。

■張り込み量の注意

　米麦用乾燥機（他社製含む）には、もみは満量張り込み可能だが、小麦だと満量にできない機種がある（**図2**、貯留部に「麦張込停止」マークあり）。これは乾燥機の設計強度

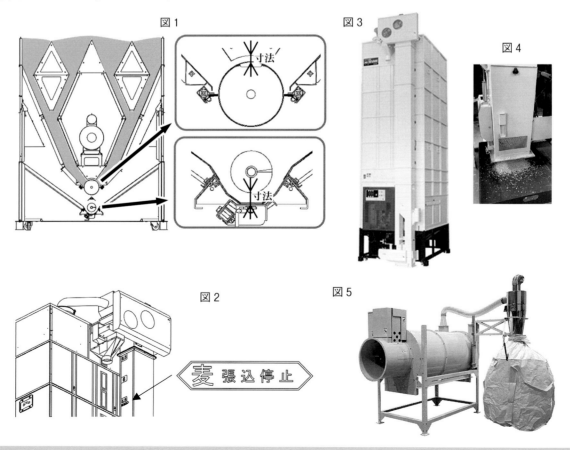

図1　図3　図4　図2　図5

がもみ満量に合わせているためで、もみより重い麦類を満量張り込みすると、設計荷重を超え、乾燥機内部が変形する恐れがある。子実トウモロコシは小麦より重いため、このマークがある機種は、その位置を超えて張り込まないよう注意していただきたい。

■乾燥温度設定

一般に子実トウモロコシは乾燥速度が優先されるため、熱風温度が高い小麦用の設定が好ましい。ただし高温乾燥と乾燥後の急速冷却は粒の内部にひび割れを生じやすい。ひび割れを減らすには熱風温度50℃以下で乾燥し、乾燥後は送風量を少なくしてゆっくり冷やすと良い。

■山本汎用乾燥機の特徴

現在販売している山本汎用乾燥機（HD-VAM・VDM型、図3）は、子実トウモロコシに標準対応している。熱風温度はほぼ小麦と同様である。特徴として①満量張り込みできる強度設計②開口の大きな循環ドラムによってトウモロコシの損傷が少なく、循環の不具合が起こりにくい③水分センサー1台で米・麦・そば・大豆・トウモロコシの全てに対応しており、設定が簡単④水分むらがある原料でも攪拌機能によってかき混ぜてから乾燥できるため、乾燥不足になりにくい―ことが挙げられる。

■水分設定

乾燥仕上げ水分は出荷先の指示に従うことが重要で、13％以下を指定されることが多い。乾燥不足は貯蔵時のカビや虫の発生リスクを増大させるため、本機は設定水分よりやや過乾燥気味なセッティングとしている。小粒品種や粒ぞろいが悪い場合は過乾燥傾向が強まることがある。水分差が気になるときは補正可能だ。

■乾燥速度

夏に収穫・乾燥する地域では、気温が高いため高い熱風温度が得られ、乾燥速度は1.0％/時に近づく。しかし気温が下がる10月以降はバーナーを最大燃焼しても熱風温度が上がりにくく、乾燥速度が夏場の約半分まで下がる場合がある。

■粉の発生

トウモロコシは乾燥中の循環でこすれて粉が発生する。特に高水分で刈り取り損傷した粒は、乾燥によって割れや欠けが生じやすく、その断面から粉が発生する。粉は循環経路や風が通る経路にたまって固まるため、早めに掃除することをお勧めする。またトウモロコシの粉は滑りやすいため、昇降機バケットベルトの張りが弱いとスリップして昇降機が詰まる場合がある。

■異物混入

雑草種子などの異物をはじめ、虫害粒や割れ粒もできるだけ除去すべきである。山本汎用乾燥機は標準で大豆用の5mm幅スリット底板が付属しており、乾燥中に異物を除くことができるが、トウモロコシ乾燥で使用するとスリットに引っ掛かり割れる場合がある。別売りの「小粒大豆用スリット底板セット（図4）」は3.5mm幅スリットのため、割れを増やさず異物を除去することができる。

■ごみの処理

子実トウモロコシに限らず、穀物乾燥中はごみが飛散して処理や掃除に苦心している現場は多い。そこで新発売の「乾式集塵機DDC-200（図5）」を紹介したい。水でごみを集める湿式集塵機が以前から用いられているが、子実トウモロコシに使用すると強烈な腐敗臭がするためお勧めできない。DDC-200は乾燥機1機に1台接続し、送風機の排風と排塵機からの排塵をモーターの力で遠心分離してフレコンにためる新方式である。JIS規格に則って測定した集塵率は98.8％で、これは湿式を含めた乾燥機用集塵機の中でもトップクラスの性能である。他社乾燥機にも使用可能なので、子実トウモロコシに限らずごみ問題で困っている生産者の解決策になれば幸いだ。

第3章 機械 06 乾燥機
金子農機㈱

循環型汎用乾燥機スーパエイトマルチ

　金子農機㈱は、穀物乾燥機のロングセラー商品として全国のユーザーにご利用いただいている「循環型汎用乾燥機スーパエイト」シリーズに、子実トウモロコシ専用機としてのスペックを充実させた「スーパエイトマルチ」を開発し、2021年から発売を始め、好評を得ている。

　従来の子実トウモロコシ乾燥では、主に米麦用乾燥機をそのまま利用することが多く、子実トウモロコシの性状に最適な乾燥を行うのが難しい状況だった。専用機の開発は、北海道を中心とした子実トウモロコシを出荷するユーザーから「もっときれいな仕上がりにしたい」という要望があり、それに応えることをテーマに進められた。

　穀物乾燥については、全般的な仕上がりにおいて、熱源に遠赤外線方式を用いた乾燥機が適しているとされている。しかし、米麦の均一な乾燥や食味などに効果を発揮する遠赤外線ならではの加温方法は、子実トウモロコシの場合、粒の割れが生じる原因になりやすいことが分かった。そのためコーン専用機の開発では、スタンダードの循環型（熱風方式）乾燥機をベースに考案した。

■スーパートルネード除塵システム

　弊社の米麦用スタンダード乾燥機「スーパエイト」は、金子独自の乾燥部と乾燥貯留部

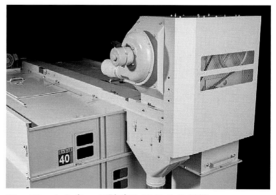

スーパートルネード除塵システムの外観

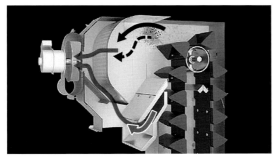
①バケットから穀物が投げ込まれる

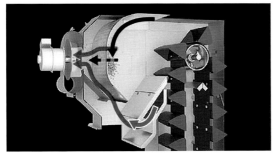
②スリット板で分離しごみを吸引

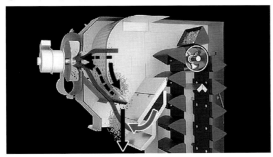
③とうみと同じ作用で下からもごみを吸引

を同時に通風する2WAY通風（2段通風）を可能にした「横がけ8層・交差流下方式」で、子実トウモロコシにおいても効果的に働き、乾燥むらを防いで均一に仕上げる。

また、弊社の遠赤外線乾燥機「レボリューションゼロ」に装備し実績を上げている「スーパートルネード除塵システム」を今回のスーパエイトマルチにも搭載している。

同システムの特徴は、①昇降機トップに設置しているので、穀物を張り込む時から除塵し、機内にごみが持ち込まれるのを未然に防ぐことで故障リスクが軽減される②除塵能力は従来機に比べ3～5倍あり、作業環境をよりクリーンな状態に改善できる他、燃焼の無駄を削減することで乾燥効率が向上する③乾燥シーズン終了後、機内に滞留するごみが少なくなるためメンテナンスが楽になる④ごみが減って掃除がしやすくなることで品種・品目を切り替える際の混入（コンタミ）対策にも役立つ⑤仕上がりがきれいになるので、乾燥後の工程が楽になる―などが挙げられる。

■クリーンアップブローも搭載

加えて、下部コンベヤーの底板に多孔板を配し、ここから流れ込む風を利用してごみの滞留を減少させる仕組み「クリーンアップブロー」を開発した。これにより子実トウモロコシ独特の粉や皮などのごみが吸引され、コンベヤーや残米受けにたまるごみやほこりが減り、メンテナンス作業が大幅に楽になる。

それによって乾燥終了後に排出される子実トウモロコシは、ごみの少ないきれいな仕上がりを実現した。本機乾燥部下には乾燥貯留部を設けており、シーズン終了後は、たまった細かいほこりなど機内の隅々まで掃除がしやすい構造になっている。

■コーンと米麦、2つの水分計が付属

水分測定は、子実トウモロコシ専用水分計を開発し、精度の高い計測を実現。サンプル取り出し口は、作業しやすい昇降機側面に配置した。

ユーザーからは「これまで使っていた米麦用遠赤乾燥機よりきれいな仕上がりで"割れ"が少なく、粉や皮のごみがよく取れる」との評価を頂いている。

当機の水分計は、子実トウモロコシ専用の他、米麦用も標準で付属しているので、用途により使い分けが可能。ラインアップはSEL700-C（70石）、SEL800-C（80石）の2機種を用意している。今後はさらに拡大し、50石、60石機種を追加していく予定。

第3章 機械 07 検査機器
㈱プラクティカル

カビ毒の迅速簡易検査キットシステム

　子実トウモロコシ栽培におけるカビ毒の防除と検査は、需要先である畜産業界のみならず、食の安全・安心に関わる最重要課題の一つである。カビ毒はその偏在性や突発性ゆえ、検査やコントロールには周到な計画と工夫が必要であり、実用的な検査システムを紹介したい。

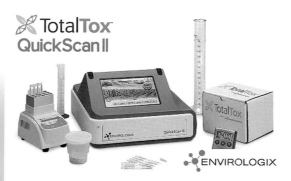

■検査キットシステムの歴史と広がり

　アメリカのEnviroLogix社製TotalToxキットとQuickScanシステムは、カビ毒用の迅速簡易検査キットシステムの中で最も多く利用されるものの一つである。

　従来、目視によりYesかNo判定でのみ利用されてきたイムノクロマト検査に、光学スキャンと画像解析ソフトを組み合わせ、濃度解析にまで用途を広げた。デオキシニバレノール（DON）やアフラトキシンだけでなく、フモニシン、ゼアラレノン、オクラトキシン用の検査キットを次々に開発し、販売開始から今年で15年になる。試料タイプも穀粒からその加工品である飼料副原料に至るまで幅広い適用性を誇る。ほとんどのキットがUSDA-FGIS（アメリカ農務省穀物検査局）の性能認証を受け、日本国内でも日本メイズ生産者協会をはじめ、公的研究機関・大学や農協系研究所、大手飼料・製粉メーカーなど多くの検査現場で使用されている（小麦検査も同様）。

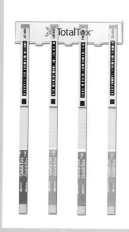

■検査の仕組みと操作の流れ

　検知は、各カビ毒を抗原として、それに特異的に反応する抗体によって行われる（抗原抗体反応）。抗体にはあらかじめ金コロイドを結合（標識抗体）しており、短冊状のクロマトストリップの下端パッドに仕込まれている。またストリップの

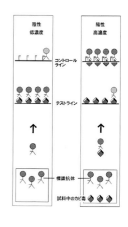

中間には試験対象と同じカビ毒がライン状にあらかじめ固定化されている（テストライン）。

　破砕均質化し、溶媒に抽出した試料液を標識抗体とともにストリップ上で上昇展開させると、標識抗体はテストライン上にあるカビ毒に結合、赤色ラインとして可視化される。もし試料中にカビ毒が存在する場合は、標識抗体はそのカビ毒と先に結合してしまうためテストラインに結合できずに通過し、上方のコントロールラインに集積、呈色する。2本のラインの発色比はカビ毒濃度に依存するの

```
┌─────────────────────────────┐
│   試料を採集 破砕・均質化      │
│   粒度＝20メッシュ 95％パス    │
└─────────────────────────────┘
              ↓
┌─────────────────────────────┐
│ 試料25gに抽出薬1袋と水75mℓを加える │
│       振とう抽出（30秒間）       │
│     ろ過かミニ遠心機で精製       │
└─────────────────────────────┘
              ↓
┌─────────────────────────────┐
│ 精製液とバッファー各100μℓを混合  │
│ ストリップ反応 4分間（室温20−24℃）│
└─────────────────────────────┘
              ↓
┌─────────────────────────────┐
│         リーダー測定           │
│  結果は表形式とPDFで自動生成    │
└─────────────────────────────┘
```

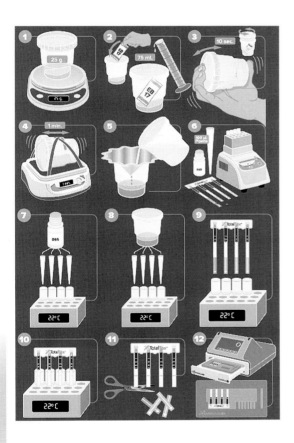

で、あらかじめシステムに登録した標準検量線と比較され、試料中のカビ毒濃度が自動的に算定、記録される。実際の検査でも、試料の振とう抽出からストリップテスト、リーダー解析まで約10分で完了できる。

また、TotalToxキットのコームタイプは、アフラトキシン、DON、フモニシン、ゼアラレノンのテストストリップをくし状に配置・連結してある。子実トウモロコシ穀粒であれば、専用バッファーでそれらのカビ毒を同時抽出、一斉に試験・解析して1枚のレポートにまとめることまで可能である。もちろん、個別のカビ毒検査も可能で、慣れてくれば同時に4〜6検体まで検査可能である。

■検査で注意すべきこと

カビ毒は、栽培環境や保管条件などさまざまな要因により突発的また局所的に産生されるので、その偏在性に留意する必要がある。また必ずしも目に見えるカビだけから産生されるとは限らない。従って検査に供する試料サンプルが全体を的確に代表できるようにするには、一定以上のロット頻度で定期的に採集され、試料自体もできるだけ多量を均一に破砕・混合する必要がある。破砕粒度もカビ毒の抽出効率やストリップの試験精度に影響するので、マニュアルに厳密に沿うことが重要である。

多数試料の試験前処理には相当の労力が必要になるので、器具についてもよく検討していただきたい。業務用コーヒーグラインダーによる連続投入破砕と、試料間の共洗い清掃は最も効率的な方法の一つである。

㈱プラクティカルは国内研究機関、多数の飼料・製粉メーカー研究所と学会活動も含めて多くの情報を共有している。具体的な検査方法や試験室構築なども含めて気軽にご相談いただきたい。

鳥獣害を知って防ごう

監修　間野　勉

好評発売中!!

　野生鳥獣害による道内の農林水産業被害は、減少傾向とはいえ依然50億円前後と大きく、エゾシカによる牧草被害増加やアライグマの個体増加など懸念すべき点も多い状況です。

　本書は鳥獣害が増える背景と課題を整理し、被害の大きいエゾシカ、アライグマ、カラス、ヒグマを取り上げ、生態や対策などを平易に解説します。また電気柵やICTなどを活用した最新の捕獲・対策技術や、捕獲後の活用法も紹介します。

B5判　オールカラー　116頁
定価1,466円（税込み）　送料134円

働きやすい農場づくり

監修　NPO法人オルタナティブ・アグリサポート・プロジェクト

好評発売中!!

　昨今、生産現場での労働力不足が深刻化していく中、農業経営者にとって、農家で働きたいという人に「選ばれる農場」づくりを目指すことが重要です。

　本書は人材の採用・定着・育成、賃金、労務管理・雇用トラブル、保険・安全衛生、法人化・承継などの各課題について、社会保険労務士や弁護士等の専門家が47項目のQ＆A形式で分かりやすく解説します。

B5判　116頁
定価1,466円（税込み）　送料134円

株式会社　北海道協同組合通信社
デーリィマン社

☎ 011(209)1003
FAX 011(271)5515
e-mail kanri@dairyman.co.jp

※ホームページからも雑誌・書籍の注文が可能です。https://dairyman-ec.com/

第4章 支援組織

01　北海道子実コーン組合
02　今後の展望
03　JMFAリーフレット

第4章 支援 01 北海道子実コーン組合

■組合設立の経過

2015年、長沼町と岩見沢市の子実トウモロコシ生産者27戸が集まり、前身である空知子実コーン生産者組合を発足させた。当初は南空知の水田転作農家による小さな取り組みとして、手探り状態でのスタートだったが、翌16年には当別町やむかわ町の農家も参加し、名称も北海道子実コーン組合に変更した。20年には組合有志で販売会社となる㈱Maize（メイズ）を設立、22年にはホクレンと集荷業務に関わる業務提携を締結した。

「メイズ」とは、飼料業界で一般的に使われている名称で、日本では「トウモロコシ」、アメリカでは「コーン」、ヨーロッパでは「メイズ」というように、全て子実用のトウモロコシを指している。この「メイズ」＝「子実トウモロコシ」が日本で定着するよう、販売会社や全国協会の名称の一部に使用している。

■集荷面積と戸数、集荷地域の推移

組合発足当初100haほどだった集荷面積は、19年に200haを超えて以降、毎年100haを上回るペースで増加し、23年には800haを突破。組合員数も130戸を超えている（図1）。

図1 集荷面積と組合員数の推移

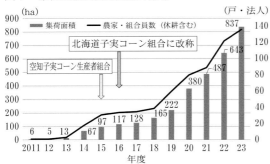

またホクレンを通じ㈱Maizeが集荷している地域もあり、北海道の水田地帯を中心に生産が拡大している。

■沿革

2015年 「空知子実コーン生産者組合」発足、参加農家27戸、栽培面積97ha
2016年 「北海道子実コーン組合」に改称、当別町・むかわ町から生産者が加入
2017年 食品用途の栽培を開始、平均収量992kg/10aを達成
2019年 長沼拠点に500tサイロ2基設置、バラ集荷を開始
2020年 長沼・岩見沢に集出荷施設を新設、モバイルドライヤー6台を導入
2021年 品質検査室を設置、カビ毒などの集荷前自主検査を開始
2022年 全国組織の日本メイズ生産者協会（JMFA）に加盟、㈱Maize設立
2023年 ホクレンと㈱Maizeが業務提携、全道からの集荷業務開始

■理念と目的

北海道子実コーン組合は畑作物生産における子実トウモロコシの重要性を認識し、国内生産の定着を目指して以下の活動を行う。

・品質基準（水分・カビ毒・残留農薬・夾雑物）を統一し、国内品質の安定を図る
・高収量技術や栽培支援の展開による生産効率向上を図る
・簡易貯蔵、集荷システムを構築し、流通体制の構築を図る
・実需者への安定供給のため、集荷量の確保や通年供給体制の構築を図る

■組合の特徴と考え方

・生産者が組織する団体として、独自の理念

に基づき合意形成ができるよう事務機能を含め独立した運営を行う
・麦・大豆に偏重した作付け状況や交付金制度を改革すべく、輪作による高収量化を目指し実証を行う
・飼料米をはじめとする交付金依存の高い作物生産に疑問を持ち経済合理性の高い作物の栽培に取り組む
・海外事例を積極的に活用し収量増加や品質向上を目指す
・全国の畜産業や食品メーカーに向けて供給を展開する

■貯蔵拠点の概要（図2）
①長沼HUB拠点
②岩見沢一次拠点（岩見沢市栗沢町・岐阜コントラクター）
③厚真サテライト（二次拠点、厚真・鵡川とうもろこし機械利用組合）

図2　貯蔵拠点
〇長沼HUB拠点

〇一次拠点（岩見沢市栗沢町、岐阜コントラクター）

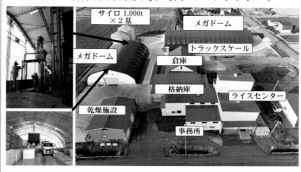

〇二次拠点（厚真町、厚真・鵡川とうもろこし機械利用組合）

モバイル乾燥機25t×4台、簡易型1,000tサイロ、トラックスケール

第4章 支援 02 今後の展望

　世界で最も多く生産されている穀物は子実トウモロコシで、2023年財務省統計によると約1,498万tが国内で消費されている（**図1**）。飼料用途の場合は関税規制の減免税対象となるため、港湾付近の工場で配合飼料などに加工されることが多い。一方、丸粒や単純粉砕の場合は食用利用が可能なので、課税対象となる。そのため丸粒のまま流通される機会はほとんどないが、米の2倍以上の消費量がある穀物であり、さまざまな場面でわれわれの生活に欠かせないものとなっている。

　日本での生産はわずかで、ほぼ全てを輸入に頼ってきたが、世界的な穀物在庫の不足に加え、中国による大幅な輸入増加、ロシアによるウクライナ侵攻などの影響でひっ迫した状況となっている。23年にはアメリカで過去最大の収穫量を記録し、世界的な穀物指標であるシカゴ相場も落ち着いてきたが、輸送コストや為替により日本に輸入される穀物は高値安定が続いている。日本での栽培はコスト高となることから輸入品に比べ価格競争力がないとされてきた。しかし、先述した状況と栽培技術の向上により十分に流通可能な価格になっている（**表1**）。北海道における生産費は実際の流通価格とは異なり、実際の取引には保管や運賃などの経費が必要となってくるが、品代を決定する指標となる。一方で輸入品価格の貿易統計は港湾での引き渡し価格であり、実際の工場引き渡しにはさらに経費が上乗せされる。北海道産トウモロコシは分別管理のNON-GMトウモロコシと対比されるため価格は同水準である。

　諸外国では主食ではない地域でも一定割合以上栽培され、日本より高温湿潤なタイやフィリピン、逆に冷涼なロシアでも栽培されており、気候的に見ても日本に適さない作物ではない（**表2**）。米からの転換で麦と大豆栽培だけを推進する日本の交付金制度は、トウモロコシの需給を全く無視したものであるばかりでなく、麦と大豆の生産性も下げている。畑作物を推進する上で、複数の作物を順番に作付けする「輪作」は周知の栽培法である。同じ作物をつ

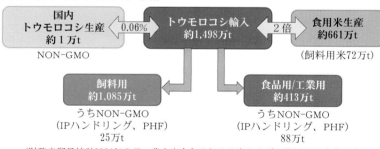

図1　日本のトウモロコシ事情

（財務省貿易統計2024年3月、農水省令和6年5月米をめぐる状況、JA全農調査から）

表1　子実トウモロコシ1kgを生産するための費用　　　　　　　　　　　　（円/kg）

10a当たり栽培経費	10a当たり収量			
	北海道組合平均値	北海道目標値	アメリカ過去10年平均値	輸入分別管理品
	900kg	1,000kg	1,087kg	1,087kg
43,200円（堆肥活用）	48	43	43	51
48,000円（現行値）	53	48		
52,800円（資材高騰）	58	52		

※国産品の48,000円/10aは酪農学園大学・日向貴久教授の調査による⇒**生産費**
※輸入品は2023年4月〜24年3月の財務省貿易統計を基礎に算出⇒**輸入価格**

表2　各国の主要穀物作付面積とトウモロコシの作付け割合　　（単位：ha）

	トウモロコシ	小麦	米	大豆	割合（%）
中国	43,070,000	23,520,000	29,450,000	10,240,000	41%
アメリカ	32,054,280	14,358,400	878,990	34,939,320	39%
ブラジル	21,037,669	3,167,112	1,623,420	40,894,968	32%
インド	9,957,950	30,458,530	46,400,000	12,146,580	10%
インドネシア	4,067,231	0	10,452,672	202,126	28%
フィリピン	2,525,477	0	4,804,498	440	34%
フランス	1,456,090	4,949,840	11,760	183,910	22%
タイ	1,071,230	1,251	11,484,233	12,462	9%
イタリア	563,700	1,776,730	218,420	342,530	19%
ドイツ	456,700	2,980,900	0	51,500	13%
日本	**2,400**	**227,300**	**1,497,500**	**151,600**	**0%**

(FAO STAT 2022を基に作成)

米を主食とする国でも子実トウモロコシは作付けされている

図2　子実トウモロコシ導入後の高収益化収支モデル
（単位：千円、時間/10a）

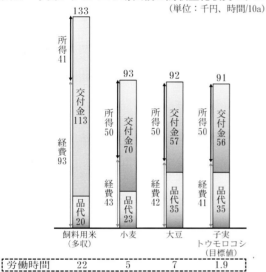

（注1）飼料用米は経営所得安定対策などの概要のうち多収の場合の試算を転記
（注2）畑作物の高収益化により①経費15%減②小麦、大豆の収量15%増をベースに試算③子実トウモロコシは1,000kg/10aを目標値とした
（注3）棒グラフはそれぞれの畑作物が再生産可能なレベルの所得を確保するために必要な金額を表す

現状と高収益化後の10aに必要と考えられる交付金（千円）の比較

作目	現状	高収益化
飼料用米	88	113
小麦	86	70
大豆	74	57
子実トウモロコシ	45	56

は自然な流れといえる。

世界標準の子実トウモロコシを含めた輪作を進めるため、政策支援である交付金は最重要だが、過度な支援は生産性向上の意欲を欠き悪循環になりかねない。現在の麦や大豆に対する支援は偏りがあり、収量が低くても最低額を受給するために連作する、という悪循環を誘引している側面がある。適正な輪作により収量が向上し、肥料や農薬の減少など直接コストの低減の他にも、省力化による規模拡大による間接コスト低減が可能であり、交付金依存度を下げていくことができる（図2）。

また国内生産を増やすためには、同時に物流システムの構築も必要である。現在の子実トウモロコシは輸入を基本としており、港湾の営業サイロは長期貯蔵を目的とした利用はできない。使用に応じて輸入されてくるため短期間での入れ替えを基本としており、必要最低限の施設しか準備されていないからだ。日本に輸入される穀物はアメリカなどの農家サイロに保管され、発注に合わせて運河にあるカントリーエレベーターに運ばれ、大型の輸送船で運ばれてくる。日本でも本格的な栽培を見据え、農家サイロの設置が必要となってくるだろう。

日本ではスーパーマーケットに大量の商品が並び、食料不足を感じることはない。しかし、世界的な食料不足はすでに始まっており、需要に応じた食料生産が農家にも求められる時期が来ている。政府による食料安全保障強化政策大綱の改正でも「輸入依存の高い麦・大豆・飼料作物等の生産拡大、輸入原材料の国産転換等」が最初に掲げられた。日本の穀物で最大の需要がある子実トウモロコシの栽培推進が喫緊の課題であり、農業者としての使命である。

くり続けると、収量低下とそれを補うための資材投入によるコスト増加、難防除雑草の繁茂などの問題が起きる。透排水性や土壌改良の効果が見込めるトウモロコシが、輪作体系の品目として日本でも栽培が広がっていくの

日本メイズ生産者協会
Japan Maize Farmers Association

協会概要

【事業内容】

1. 作付け情報の集約と新規作付けの啓発
   - シンポジウム、セミナー、実演会の地域開催を支援
2. 栽培技術向上のための技術情報を発信
   - Webを通して提供する
3. 有利販売のための情報提供と連携
   - 実需関連情報を収集し提供する
4. 関係機関へのロビー活動
   - 現場からの要望を為政者・行政に伝える
5. 関係諸団体との連携
   - 農機メーカー、農業資材メーカー、農業団体他との連携

【設立年月日】

2022年（令和4年）4月1日

【構成農家戸数】

190戸（2024年現在）

【役員】

- 代表理事　　　柳原 孝二(北海道)
- 副代表理事　　盛川 周祐(東北)
- 理事　　　　　干場 法美(北海道)、小泉 輝夫(関東)、若宮 裕介(中部)
- 監事　　　　　結城 良裕(九州)
- 技術顧問　　　小森 鏡紀夫(サナテックシード(株))
- 事務総長　　　新発田 修治

【会員種別と費用】

- 会　員　　（生産者団体が基本）年会費　2万円/団体＋1000円/構成員
- 準会員　　5,000円/生産者
- 賛助会員　一口　50,000 円
   （資材関連企業、農業機械企業、農業関連団体）

> 入会をご希望の際は、JMFA事務局までご連絡ください。

第4章

ニューカントリー2024年夏季臨時増刊号

子実トウモロコシ
栽培マニュアル

令和6年7月1日発行

発 行 所　株式会社北海道協同組合通信社

札幌本社
　〒060-0005
　札幌市中央区北5条西14丁目1番15
　TEL 011-231-5261　FAX 011-209-0534
　ホームページ　http://www.dairyman.co.jp/
編集部
　TEL 011-231-5652
　Eメール　newcountry@dairyman.co.jp
営業部（広告）
　TEL 011-231-5262
　Eメール　eigyo@dairyman.co.jp
総務部（購読申し込み）
　TEL 011-209-1003
　Eメール　kanri@dairyman.co.jp

東京支社
　〒170-0004 東京都豊島区北大塚2-15-9
　　　　　　ITY大塚ビル3階
　TEL 03-3915-0281　FAX 03-5394-7135
営業部（広告）
　TEL 03-3915-2331
　Eメール　eigyo-t@dairyman.co.jp

発行人・編集人　高田　康一

印 刷 所　山藤三陽印刷株式会社
　〒063-0051 札幌市西区宮の沢1条4丁目16-1
　TEL 011-661-7161

定価 1,980円（税込み）・送料134円
ISBN978-4-86453-099-6 C0461 ¥1800E
禁・無断転載、乱丁・落丁はお取り替えします。